张英伯 主编

美妙数学花园
Meimiao Shuxue Huayuan

角能三等分吗

许以超 李俊义 著

科学出版社
北京

内容简介

经过数学家四千多年的努力,三大几何作图难题在 19 世纪才完全解决.在这个过程中,不仅仅解决了这三大难题,还全面推动了数学的发展,特别是抽象代数和超越数论的建立和发展.

本书分正文和附录两部分,正文部分全面论述了三大几何难题的提出、发展和解决过程,中学生完全能读懂.目的在于激发中学生学习数学的兴趣,培养中学生研究数学的科学方法.附录部分可供对数学学习有余力的中学生阅读.

本书可供大学生、中学和大学数学教师,以及数学爱好者阅读.

图书在版编目(CIP)数据

角能三等分吗/许以超,李俊义著. —北京:科学出版社,2011
(美妙数学花园)
ISBN 978-7-03-031683-7

Ⅰ. ①角… Ⅱ. ①许… ②李… Ⅲ. ①数学-普及读物 Ⅳ. ①O1-49

中国版本图书馆 CIP 数据核字(2011) 第 118491 号

责任编辑:陈玉琢 / 责任校对:陈玉凤
责任印制:赵 博 / 封面设计:王 浩

科 学 出 版 社 出版
北京东黄城根北街 16 号
邮政编码:100717
http://www.sciencep.com

北京九州迅驰传媒文化有限公司印刷
科学出版社发行 各地新华书店经销
*
2011 年 6 月第 一 版 开本:720 × 1000 1/16
2024 年 5 月第八次印刷 印张:7
字数:53 000
定价:**39.00 元**
(如有印装质量问题,我社负责调换)

《美妙数学花园》丛书序

今天，人类社会已经从渔猎时代、农耕时代、工业时代，发展到信息时代。科学技术的巨大成就，为人类带来了丰富的物质财富和越来越美好的生活。而信息时代高度发达的科学技术的基础，本质上是数学科学。

自从人类建立了现行的学校教育体制，语文和数学就是中小学两门最主要的课程。如果说文学因为民族的差异，在各个国家之间有很大的不同，那么数学在世界上所有的国家都是一致的，仅有教学深浅、课本编排的不同。

我国在清末民初时期西学东渐，逐步从私塾科举过渡到现代的学校教育，一直十分重视数学。中华民族的有识之士从清朝与近代科技隔绝的情况下起步，迅速学习了西方的民主与科学。在 20 世纪前半叶短短的几十年间，在我们自己的小学、中学、大学毕业，然后留学欧美的学生当中，不仅产生了一批社会科学方面的大师，而且

产生了数学、物理学等自然科学领域对学科发展做出了重大贡献的享誉世界的科学家. 他们的成就表明, 有着五千年灿烂文化的中华民族是有能力在科学技术领域达到世界先进水平的.

在20世纪五六十年代, 为了选拔和培养拔尖的数学人才, 华罗庚与当时中国的许多知名数学家一道, 学习苏联的经验, 提倡和组织了数学竞赛. 数学家们为中学生举办了专题讲座, 并且在讲座的基础上出版了一套面向中学生的《数学小丛书》. 当年爱好数学的中学生十分喜爱这套丛书. 在经历过那个时代的中国科学院院士和全国高等院校的数学教授当中, 几乎所有的人都读过这套丛书.

诚然, 我国目前的数学竞赛和数学教育由于体制的问题备遭诟病. 但是我们相信, 今天成长在信息时代的中学生, 会有更多的孩子热爱数学; 置身于社会转型时期的中学里, 会有更多的数学教师渴望培养出优秀的科技人才.

数学家能够为中学生和中学教师做些什么呢? 数学本身是美好的, 就像一个美丽的花园. 这个花园很大,我们并不能走遍她, 完全地了解她. 但是我们仍然愿意将自己心目中美好的数学, 将我们对数学的点滴领悟, 写给喜爱数学的中学生和数学老师们.

张英伯

2011 年 5 月

目 录

《美妙数学花园》丛书序

第 1 章 什么是尺规作图 ·· 1

第 2 章 古代三大几何作图难题 ······················· 11

    2.1 倍立方问题 ·· 11

    2.2 化圆为方问题 ··· 12

    2.3 任意角的三等分问题 ···························· 13

第 3 章 新的思想 (1)——几何问题代数化 ········· 19

第 4 章 新的思想 (2)——伽罗瓦的工作 ············ 26

第 5 章 倍立方问题不可解的证明 ···················· 34

第 6 章 任意角三等分问题不可解的证明 ········· 38

第 7 章 进一步的讨论 (1) ································· 41

第 8 章 进一步的讨论 (2) ································· 44

第 9 章 化圆为方问题不可解的证明 ················ 51

第 10 章 结束语 ·· 57

参考文献 ··· 59

附录 A 有理系数多项式 ································· 60

附录 B 多元多项式和对称多项式····················68

附录 C 代数数和超越数、iπ 的超越性··············76

 C.1 欧拉 (Euler) 公式·····················77

 C.2 问题的简化·························79

 C.3 林德曼的考虑·······················84

 C.4 埃尔米特的技巧·····················86

 C.5 由素数 p 构造整数 N_p·············91

 C.6 计算 $A_k + iB_k$ $(1 \leqslant k \leqslant n)$·············93

 C.7 存在大素数 p 使得 $|\varepsilon_{pk}| < \dfrac{1}{n^2} \leqslant \dfrac{1}{4}$ $(\forall k)$·····96

 C.8 计算 $\eta_{pk}(x)$·······················99

什么是尺规作图

我们知道, 最早将平面几何理论化, 并且在世界上写出第一本几何书籍《几何原本》的是希腊几何学家欧几里得 (Euclid, 公元前 300 年前后). 他用公理方法定义了点、直线、圆、平面、空间等, 引进了 5 条几何公理. 利用逻辑推理的手段, 严格地证明了各种各样的平面和立体几何的性质, 建立了完整的几何理论. 这个理论最基本的部分成为中学生都必须掌握的数学内容之一.

现在的中学教科书有这样一个结论: 任意角是不能三等分的, 没有解释, 也没有证明. 这使我们萌发了一个想法, 写一个通俗小书, 给出这个结论的实质含义、历史上所处的地位、对数学发展的作用, 并且给出完整的证明, 希望对中学生有所帮助, 提高中学生对学习数学的兴趣, 也希望对老师们有参考价值.

本书的目的是介绍从公元前两千多年到公元前五百多年才正式提出来的三大几何难题, 即 "倍立方问

题"、"化圆为方问题" 和 "任意角三等分问题". 直到 19 世纪, 这三大著名几何难题才被数学家解决, 证明了它们都是不可能的. 在彻底解决以前, 很多数学家投身于这些工作. 虽然没有解决, 但是通过对这些问题的研究, 产生了各种很重要的数学概念, 从而推动了数学的发展. 历史的轨迹有很大的启发性, 从中可以看出创新工作所起的决定性作用.

当然, 这三大著名几何难题也派生出一些其他有趣的数学问题, 但是那些问题对数学发展的推动作用不如三大几何难题, 所以就不打算讨论了, 在适当的地方会提到.

这三大几何难题之所以拖了这么长的时间, 原因在于, 在远古时期还没有度量衡制度, 生产方式很原始. 因此, 这些问题加了一个很强的条件, 即要求在尺规作图的限制下解决这三大问题. 问题之所以拖了几千年才能解决, 其难点也正好在尺规作图的很强限制下.

因此, 先在第 1 章中介绍什么叫 "尺规作图", 在第 2 章用现代数学的语言描述三大几何作图问题是什么样的问题, 从第 3 章开始, 一步步证明这三大几何问题是不可能的.

我们力图让中学生能够看懂证明,虽然为了解决问题,要用一些中学教科书中不注意的观念.例如,要整体考虑实数的子集.这个子集中,任意两个数作四则运算后仍在这个集合中.当然大家知道,从数值 1 出发作加法和减法可得到整数集.再从整数集出发作乘法和除法可得到有理数集.

书名是《角能三等分吗》,原始问题是要给出一种算法,使得任意角用这种算法可以三等分.将要证明这是绝对不可能做到的.但是对一个具体的角,有些是可以三等分的.实际上,已经知道,直角和平角是可以三等分的.

写作的方式是在介绍了古代三大几何难题后,从数学历史的角度说明这些问题对数学发展的作用,并给出中学生完全能够接受的证明方法.期望对读者的数学能力有所提高,数学兴趣有所增强.从中可以看出,数学创新中最难的部分是新的概念、新的思维方式的引进.而这些对创立一个新的数学分支起了决定性的作用.

定义 1.1 平面几何学中用有限次不带刻度的直尺画直线和用不带刻度的圆规画圆,称为"尺规作图".

这里要注意以下两点:

(1) 用这种直尺, 虽然量不出给定两点间的距离有多长, 但是可以借助于直尺和圆规, 即用尺规作图, 画出同样长度的线段;

(2) 用这种圆规, 虽然量不出给定角的角度是多少, 但是可以借助于直尺和圆规, 即用尺规作图, 画出同样角度的角.

定义 1.2 平面几何中的问题称为 "作图问题", 是指在给定一些 "基础" 点后, 经过尺规作图画出所要求的图形.

下面用几个例子来说明什么叫几何作图问题.

例 1.1 给定线段 AB, 求它的垂直平分线.

解 作图步骤如下: 给定线段 AB 如图 1.1 所示. 将圆规的两脚拉成略小于线段 AB 的长度, 再分别以点 A 及点 B 为圆心作两圆 (半径相同). 这两圆分别交于点 C

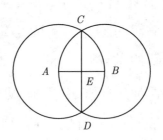

图 1.1

及点 D, 则 C 和 D 的连线是线段 AB 的垂直平分线, 即线段 CD 和线段 AB 相交于点 E, 且有 $|AE| = |BE|$, 又有 $AB \perp CD$.

证明　由于点 C 和点 D 是两个同半径的圆的交点, 则有 $|AC| = |AD| = |BC| = |BD|$, 这证明了 $ADBC$ 为菱形 (即四条边长度相同的凸四边形). 而线段 AB 和线段 CD 是这个菱形的两条对角线, 所以自然地互相垂直平分. 证毕.

例 1.2　给定线段 AB 及过点 A, B 的直线外一点 P, 过点 P 作线段 PQ, 使得 PQ 和 AB 平行.

解　作图原理为两直线平行, 则同位角相等, 所以作图步骤如下: 给定线段 AB 及线段外一点 P 如图 1.2 所示, 点 A 和 P 连线并延长至点 C. 将圆规的两脚拉开一些, 再以点 A 及点 P 为圆心作两圆 (半径相同). 以点 A 为圆心的圆交线段 AP 与线段 AB 分别于点 D 与 E. 以点 P 为圆心的圆交线段 PC 于点 F. 再将圆规的两脚拉开, 使得一脚放在点 D 上, 另一脚在点 E 上. 不改变圆规两脚的位置, 将一脚放在点 F 上, 以点 F 为圆心作圆, 交以 P 为圆心的圆周于点

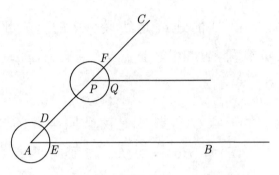

图 1.2

Q. 点 P 和点 Q 连线, 则由于线段 DE 和线段 FQ 的长度相等, 所以 $\angle DAE = \angle FPQ$. 因此, 同位角相等, 所以 AB 平行于 PQ. 证毕.

例 1.3 给定三个线段 AB, CD, EF, 它们的长度分别为 $|AB| = c, |CD| = a, |EF| = b$, 画出长度为 $x = \dfrac{ab}{c}$ 的线段.

解 作图原理为利用平行线割线段, 则线段的长度成比例. 具体作法如下: 在平面上取定点 O, 过点 O 作两条射线 L_1 和 L_2 如图 1.3 所示. 在射线 L_1 上取点 X, Y, 使得 $|OX| = |AB| = c, |XY| = |CD| = a$. 在射线 L_2 上取点 Z, 使得 $|OZ| = |EF| = b$. 过点 Y, 用例 1.2 的方法, 作平行于线段 XZ 的线段, 它交射线 L_2 于点 W, 则有

$$|OX| : |XY| = |OZ| : |ZW|,$$

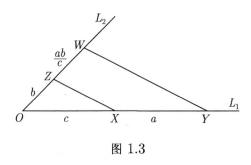

图 1.3

所以

$$|ZW| = \frac{|XY||OZ|}{|OX|} = \frac{ab}{c} = x.$$

因此, 线段 ZW 的长度 x 为已给的值 $\dfrac{ab}{c}$. 证毕.

例 1.4 给定两个线段 AB 和 CD, 它们的长度分别为 $|AB| = a$, $|CD| = b$, 可以用尺规作图画出长度为 $x = ab$ 的线段.

解 由例 1.3, 因此, 在给定长度为 1 的线段 OX, 给定两个线段 XY, OZ, 它们的长度分别为 $|XY| = |AB| = a$, $|OZ| = |CD| = b$, 则可以画出长度为 $x = ab$ 的线段 ZW

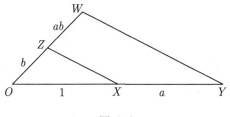

图 1.4

如图 1.4 所示. 证毕.

例 1.5　给定两个线段 AB 和 CD, 它们的长度分别为 $|AB| = a, |CD| = b,$ 可以用尺规作图画出长度为 $x = \dfrac{a}{b}$ 的线段.

解　由例 1.3, 因此, 在给定长度为 1 的线段 OX, 给定两个线段 OZ, ZW, 它们的长度分别为 $|OZ| = |CD| = b, |ZW| = |AB| = a,$ 则可以画出长度为 $x = \dfrac{a}{b}$ 的线段 XY 如图 1.5 所示. 证毕.

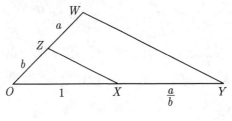

图 1.5

例 1.6　给定长度为 1 和正实数 a 的线段, 可以用尺规作图画出长度为 $\sqrt{a}$ 的线段.

解　给定长度为 1 的线段 AB, 将线段 AB 延长, 在延长线上给定一个长度为正实数 a 的线段 BC 如图 1.6 所示. 用尺规作图作出以线段 AC 为直径的圆, 过点 B 作线段 AC 的垂线, 它交圆于点 D 及 E, AD, AE 及 DC 分别连线, 于是有直角三角形 $\triangle CBD$ 和 $\triangle ABD$. 由于同

圆中等弧的圆周角相等, 所以

$$\angle BDA = \angle BEA = \angle ACD, \quad \angle ABD = \angle CBD = 90°.$$

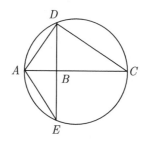

图 1.6

因此, $\triangle ABD$ 和 $\triangle CBD$ 相似, 所以有 $|AB|:|BD| = |DB|:|BC|$, 即 $|BD|^2 = |AB||BC|$. 已知 $|AB| = 1$, $|BC| = a$, 所以 $|BD| = \sqrt{a}$. 因此, 用尺规作图便画出了长度为 $\sqrt{a}$ 的线段 BD. 证毕.

例 1.4~ 例 1.6 有其特殊的意义, 它告诉我们, 四则运算和开平方可以用尺规作图画出来. 古代法国科学家笛卡儿 (Rene Descartes, 1596~1650) 长期以来不满意欧几里得创建以及以后不断发展的、用纯粹几何的推理方法来证明一切几何事实, 而不能也用计算方法来证明. 也就是说, 古代的几何 (只有欧几里得几何) 和代数是毫不相干的平行发展这一事实. 笛卡儿一直在思考如何将两者结合起来, 即如何在几何学中引进代数工具. 为此, 他

建立了以他的名字命名的笛卡儿坐标系,从而建立起解析几何,使得几何学从演绎方法变为可计算的,于是大大地推动了几何学和代数学的发展.这点将在第3章中详细地说明.

古代三大几何作图难题

在现在的中学教科书中, 明确地写出了用尺规作图不可将任意角三等分. 但在书中没有写出证明, 只是写出这个正确的结论. 为什么在中学教科书中要介绍这样一个结论呢, 原因是多少年以来, 不少人在做无用的工作, 即研究设计用尺规作图来三等分任意角.

下面介绍任意角三等分问题. 实际上古代有三大几何难题, 而直到 19 世纪, 才严格地证明了这些都是不可能做到的.

2.1 倍立方问题

发现这个问题的证据是记载在已出土的、公元前 2000 年用的草书 (一种用草压成的纸做的书) 上的. 可以说, 这是最古老的、长期未能解决的数学问题. 草书上说: 传说在古代有一个宗教仪式上用的祭坛, 是一个正立方体的土堆积建成的. 有一次, 由于瘟疫大流行, 因

此, 大祭司需要做一次重要的祭祀, 以此来请求神不要惩罚他们. 但是他觉得原有的祭坛太小, 于是大祭师凭借神的名义声称:"为了止住瘟疫, 神要求将这个祭坛的体积扩大一倍". 大祭师找工匠修建, 但是这个问题难倒了工匠们. 工匠们求教于当时的大数学家, 也难倒了他们. 数学家们最后想到了这样的回答:"这是神用这个问题对你们进行惩罚".

这个问题用数学公式可以表示如下: 原来的祭坛是正立方体, 边的长度约定为 1, 于是体积为 $1^3 = 1$. 现在要加土, 作成一个边长为 x 的正立方体, 它的体积为 x^3. 要求体积加一倍, 即线段长度 x 要适合条件 $x^3 - 2 = 0$, 即要求整系数多项式

$$x^3 - 2 \qquad\qquad (2.1)$$

的正根 $\sqrt[3]{2}$. 确切地说, 倍立方问题是指: 能否用尺规作图, 在约定一个线段的长度为 1 的前提下, 画出长度为 $\sqrt[3]{2}$ 的线段.

2.2 化圆为方问题

约定一个已给线段的长度为 1. 在平面上取定一点

P, 以点 P 为圆心, 1 为半径作圆. 于是这个圆的面积为 $\pi \cdot 1^2 = \pi$, 其中 π 为圆周率. 化圆为方问题是指能否画出一个正方形, 它的面积和前面给的圆的面积相同. 换句话说, 要用尺规作图, 画出一个长为 x 的线段, 使得以此线段为边的正方形的面积是 $x^2 = \pi$, 即用尺规作图, 画出长度为多项式

$$x^2 - \pi \tag{2.2}$$

的正根 $\sqrt{\pi}$ 的线段. 由例 1.6, 因此, 化圆为方问题是指: 在约定一个线段的长度为 1 的前提下, 能否用尺规作图画出长度为圆周率 π 的线段.

2.3 任意角的三等分问题

任意给定一个角, 能否用尺规作图, 将此角三等分. 这就是著名的三等分角问题. 这个问题的重点是对任意角, 能否用尺规作图, 用统一的方法将角三等分 (当然对一些特殊的角, 如 90° 角, 是可以三等分的).

下面来讨论这个问题的现代数学表述.

在平面上给定一个线段, 约定它的长度为 1. 用已给角 $\theta = \angle AOB$ 的顶点 O 为圆心, 作半径为 1 的圆如图 2.1 所示. 过圆上点 B 作线段 OA 的垂线, 记垂足为 P. 于是

$$|OP| = \cos\theta, \quad |PB| = \sin\theta. \tag{2.3}$$

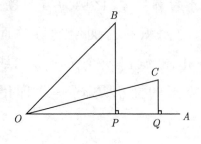

图 2.1

如果 $\angle AOB$ 可以三等分, 记 $\varphi = \dfrac{\theta}{3}$, 则在圆上有点 C, 使得 $\angle AOC = \dfrac{1}{3}\angle AOB$. 过点 C 作线段 OA 的垂线, 记垂足为 Q. 于是

$$|OQ| = \cos\varphi, \quad |QC| = \sin\varphi. \tag{2.4}$$

因此, 任意角三等分问题就是从已给的长度为 1 的线段以及线段 OP 出发 (也可以改为线段 PB 出发), 用尺规作图画出线段 OQ (也可以改为线段 QC). 下面来计算 OQ 和 OP 间的关系 (也可计算 QC 和 BP 间的关系).

熟知有下面的三角公式:

$$\cos(\alpha + \beta) = \cos\alpha\cos\beta - \sin\alpha\sin\beta,$$

$$\sin(\alpha + \beta) = \sin\alpha\cos\beta + \cos\alpha\sin\beta.$$

因此,

$$\cos\theta = \cos(3\varphi)$$

$$= \cos(\varphi + 2\varphi)$$

$$= \cos\varphi\cos(2\varphi) - \sin\varphi\sin(2\varphi)$$

$$= \cos\varphi(2\cos^2\varphi - 1) - \sin\varphi(2\sin\varphi\cos\varphi)$$

$$= 2\cos^3\varphi - \cos\varphi - 2(1 - \cos^2\varphi)\cos\varphi$$

$$= 4\cos^3\varphi - 3\cos\varphi,$$

所以

$$2\cos\theta = (2\cos\varphi)^3 - 3(2\cos\varphi).$$

上面的计算证明了 $2\cos\varphi$ 为多项式

$$x^3 - 3x - a \tag{2.5}$$

的实根, 其中

$$a = 2\cos\theta \tag{2.6}$$

为已知数值. 又

$$\sin \theta = \sin(3\varphi)$$

$$= \sin(\varphi + 2\varphi)$$

$$= \sin \varphi \cos(2\varphi) + \cos \varphi \sin(2\varphi)$$

$$= \sin \varphi (1 - 2\sin^2 \varphi) + \cos \varphi (2\sin \varphi \cos \varphi)$$

$$= \sin \varphi - 2\sin^3 \varphi + 2\sin \varphi (1 - \sin^2 \varphi)$$

$$= -4\sin^3 \varphi + 3\sin \varphi,$$

所以
$$2\sin \theta = (-2\sin \varphi)^3 - 3(-2\sin \varphi).$$

上面的计算证明了 $-2\sin \varphi$ 为多项式

$$x^3 - 3x - b \tag{2.7}$$

的实根, 其中

$$b = 2\sin \theta \tag{2.8}$$

为已知数值.

上面两种情形都导出了同样形状的三次多项式

$$x^3 - 3x - a, \tag{2.9}$$

其中 a 取 $2\cos \theta$ 或 $2\sin \theta$. 这时, 任意角三等分可以叙述为给定线段长度为 1 及 a 的有向线段, 能否用尺规作

16

图画出长度为多项式 (2.9) 的实根的有向线段来, 其中 $|a| \leqslant 2$, 即 $a \in [-2, 2]$.

这里要注意: 三次实系数多项式必有实根. 这是因为一般 n 次实系数多项式若有虚部不为零的复根 $u+\mathrm{i}v(v \neq 0)$, 则必有共轭复根 $u - \mathrm{i}v$. 而 $u + \mathrm{i}v \neq u - \mathrm{i}v$, 所以 n 次实系数多项式的虚部不为零的复根和它的共轭复根同时成对出现. 因此, 所有虚部不为零的复根共有偶数个, 所以奇数次实系数多项式必有实根.

上面用已经熟悉的知识和公式、符号, 给出了古代三大几何难题的代数表达形式, 而这种近代的数学语言的表述形式, 在产生这三大几何难题的时代是做不到的. 实际情况是在人类的历史长河中, 在针对这三大几何难题以及其他各种数学问题的思路中不断地创新、不断地开拓出新的数学思想以及伴随而来的新的表达方式, 才能最终彻底地解决各种数学问题.

历史悠久的三大几何难题的提出年代已不可考. 首先整理并明确地提出问题, 又全力以赴地研究这些问题, 是在公元前 400 年前后几百年间的希腊智人学派. 他们虽然未能用几何的演绎方法解决尺规作图限制下的三大几何难题, 但是他们却想到不受尺规作图的限制这个

想法,这促成他们将立体的正圆锥体从各种不同的方向用平面来截,得到的截线称为圆锥曲线,从而发现了椭圆、双曲线和抛物线,进而他们从几何角度,用演绎方法研究了这些曲线,得到了大量几何事实.这些曲线的研究对天文学中天体的运动规律的了解起了决定性作用.不仅如此,他们还构造出其他的复杂曲线.当然,当时没有坐标系,只能纯粹从几何的角度来研究,所以难度还是很大的.但是这开拓了几何学的新研究对象,从而推动了几何学的发展,进而影响了其他数学分支的发展.例如,帕波斯(Pappus,约公元前350~前300)和他的团队给出了起码12种用二次曲线的作图法来三等分任意角,有的人还造出了三等分角仪器.

这三大几何难题,在尺规作图的限制下,在19世纪最终彻底地得到了解决.首先得到答案的是旺策尔(P.L.Wantzel).他在1837年证明了倍立方问题和任意角三等分问题用尺规作图是做不出来的.接下去,埃尔米特(Hermite,1873)和林德曼(C.L.F.Lindemann,1882)证明了用尺规作图化圆为方是不可能的.实际上,他们的工作开创了数论的一个分支学科——超越数论.他们证明了圆周率π不是任何一个有理系数多项式的根,即它不是代数数,而是超越数.

新的思想(1)——几何问题代数化

为了解决古代三大几何作图难题, 第一个关键在于弄清楚尺规作图究竟能做些什么事. 这个问题直到 17 世纪, 才由法国科学家笛卡儿解决. 在这基础上, 笛卡儿发现了坐标系, 奠定了平面解析几何的基础.

笛卡儿不是专职数学家, 他是古代著名的哲学家之一. 他是机械唯物论的创导者. 当然, 他的哲学思想是很片面的. 另外, 他还是物理学家、气象学家、心理学家和数学家. 他一生中发表了数篇数学论文, 而最重要的一篇发表在 1637 年的一本哲学书《方法论》中. 这本书的正文只占了全书的 $\frac{1}{7}$, 其余 $\frac{6}{7}$ 是三个附录: "折光"、"气象" 和 "几何学". "折光" 提出了光的折射定理, "气象" 提出了虹的形成原理.

"几何学" 这个附录共分三节. 第一节的名称为 "仅使用直线和圆的作图问题". 这个名称说明了笛卡儿是认真思考了用尺规作图任意角三等分问题的, 因为弄清

楚尺规作图的真正作用是解决这一问题的关键所在.

第一节的内容是用几何作图方法给出正实数的加、减、乘和除四则运算 (本书将不断地用到"四则运算"这个名词) 的几何解释, 也给出了正实数开平方的几何解释. 最终, 笛卡儿弄清楚了尺规作图能作有限次四则运算和开平方. 是不是只能作有限次四则运算和开平方呢? 这用到了第二节的内容.

笛卡儿在思考这个问题时, 代数的作法是完全从属于法则和公式, 几何的作法是由欧几里得开始发展起来的纯粹几何的演绎方法, 而逻辑推理都是它们的工具. 数理逻辑的发展完全是用语言表达, 而没能用上数学符号. 笛卡儿看到了这三个方向数学发展的局限性, 他提出必须把逻辑、几何和代数三者的优点结合起来, 可以尽量避免各自单独发展所产生的缺点和局限性. 为此, 他在附录的第二节以"曲线的性质"为名, 引进了两个重要内容. 一个是第一次引进方幂符号 x^n, 他特别看重用文字来代替具体数字, 从而可以利用代数思想建立大量几何公式. 他是第一次用 $x, y, z, \cdots$ 来代表未知量, 用 $a, b, c, \cdots$ 来代表已知量, 用 x^n 来表示 n 个 x 相乘等. 这些至今还在使用的数学符号的创立就是笛卡儿的功劳. 另一个是提出了当时具有划时代意义的思想. 他提出了后来以他的名字命名的笛卡儿坐标系 (他提出的是一般的斜角坐标系, 不是大家在中学学习的直角坐标系). 笛卡儿坐标系的引进建立了平面中点与实数对间自然的一一对应, 于是可以将平面几何和空间几何的基本要素: 点、直线、曲线、平面等用方程来表示. 例如, 可以用方程 $f(x, y) = 0$ 来表示曲线, 用方程 $F(x, y, z) = 0$ 来表示曲面等. 进一步将函数引进到几何学中, 从而可以将曲面和曲面的几何性质用量和函数来表示. 这是几何学的奠基工作, 因为笛卡儿使得几何学家可以将几何学从纯粹几何的演绎方法, 变为可以使用代数工具和函数论工具来计算, 从而将逻辑、几何与代数三者的优点全面地结合在一起, 这也给研究函数性质的微积分学奠定了扎实的基础.

由于笛卡儿坐标系以及曲线的函数方程表达式, 从而建立了解析几何的基本思想, 大大地推动了几何学的发展, 也促进了代数学的发展, 使得后来的微积分学也得以发现和发展.

笛卡儿关于坐标系的引进使得数学家对"空间"有了全新的想法. 特别地, 由此推出了 n 维空间、微分流

形以及无限维空间的概念, 从而将几何学的研究对象和研究内容大大地推进了, 并且还影响了物理学的研究. 例如, 爱因斯坦 (Einstein) 将宇宙从原来的三维实欧几里得空间拓展为四维时空空间, 其中第四维是时间, 从而建立了相对论. 物理学家还将 n 维几何学和多变量函数论引进物理, 大大地推动了物理学的发展.

"几何学"一文的第三节讨论了实系数多项式的根, 并得出了求实系数多项式的正根和负根个数的笛卡儿符号法则.

前面提到了笛卡儿的"几何学"的第一节和第二节回答了什么叫尺规作图. 下面来叙述他的回答.

为此, 先给出有向线段的概念. 给定线段 AB, 约定从 A 到 B 为正方向, 于是有向量 $\overrightarrow{AB}$ 和 $\overrightarrow{BA}$, 而向量 $\overrightarrow{AB}$ 和 $\overrightarrow{BA}$ 的长度为 $|\overrightarrow{AB}| = |\overrightarrow{BA}| = a$, 所以线段加上方向就可以表示正实数或负实数, 这种线段称为有向线段.

因此, 在平面上取定有向线段, 约定这个有向线段的长度为 1. 再取定两个长度分别为 p 及 q 的有向线段, 则用尺规作图, 很容易画出长度为 $p+q$ 及 $p-q$ 的有向线段. 又当 $p > 0, q > 0$ 时, 笛卡儿用例 1.4 和例 1.5, 即用尺规作图可以画出长度为 pq 及 $\dfrac{p}{q}$ 的有向线段, 所以当 p

和 q 不同时为正数时, 也能画出长度为 pq 的有向线段. 当 p 和 q 不同时为正数且 $q \neq 0$ 时, 也能画出长度为 $\dfrac{p}{q}$ 的有向线段.

特别地, 已经约定了长度为 1 的有向线段. 从这个有向线段出发, 任意给定一个有理数 r, 则用尺规作图可以画出以 r 为长度的有向线段. 总之, 记 $\mathbb{Q}$ 为所有有理数构成的集合, 称为有理数域, 则用尺规作图, 从长度为 1 的有向线段出发, 便可以画出长度为任意指定的有理数值的有向线段.

由于有理数域中任一数都可以从已知长度为 1 的有向线段出发, 用尺规作图画出来. 这告诉我们, 考虑的对象和中学学习的内容在观念上有一些改变, 不是只考虑几个已知数, 而是考虑一个数集, 即有理数域. 大家不要小看这种观念上的改变, 这已经是一种飞跃了.

定义 3.1 实数全体构成的集合 $\mathbb{R}$ 称为实数域. 实数域中子集 $\mathfrak{S}$ 分别称为在加、减、乘、除四则运算下封闭, 如果任取 $a, b \in \mathfrak{S}$, 则分别有 $a + b \in \mathfrak{S}$, $a - b \in \mathfrak{S}$, $ab \in \mathfrak{S}$ 以及当 $b \neq 0$ 时有 $\dfrac{a}{b} \in \mathfrak{S}$.

按照定义 3.1, 有理数域 $\mathbb{Q}$ 在四则运算下封闭.

另一方面, 考虑开平方, 即给定长度为 1 的有向线

段, 按照例1.6可知, 任取正有理数a, 可以用尺规作图画出长度为$\sqrt{a}$的线段. 因此, 笛卡儿证明了如下定理:

定理 3.1 (笛卡儿定理)　给定一个有向线段, 约定它的长度为1. 给定两个长度分别为a和b的有向线段, 用尺规作图可以画出长度为a和b的和、差、积以及当分母不为零时商的有向线段. 又给定长度为正实数a的有向线段, 用尺规作图还可以画出长度为正实数a的开平方$\sqrt{a}$的线段. 反之, 尺规作图只能画出从一些基础数出发 (即已给出的一些有向线段), 用四则运算以及开平方得到的数.

证明　上面已经证明了尺规作图能画出从一些基础数出发, 用四则运算以及开平方得到的数.

反之, 尺规作图是不是只能做到笛卡儿定理的充分性, 答案是肯定的. 这要用到笛卡儿的 "几何学" 的第二节内容, 即用解析几何来证明. 因为笛卡儿已经知道, 在平面上取定直角坐标系 (因此, 已经取定了长度为1的有向线段) 后, 平面上的点和一个实数对间有一个自然的一一对应, 而直线可以用二元一次方程$ax+by+c=0$来表示, 圆可以用二元二次方程$ax^2+2bxy+cy^2+2dx+2ey+f=0$来表示, 于是直线与直线的交点、直线与圆的交点以

及圆与圆的交点坐标都可以用直线与圆的方程的系数
经过有限次四则运算及开平方得到. 证毕.

因此, 上面证明了用尺规作图就等同于对数作四则
运算及开平方. 于是所谓尺规作图就是从一些基础数出
发, 用四则运算以及开平方得到一个数, 而长度为这个
数的有向线段可用尺规作图画出来. 换句话说, 从代数
的角度来理解尺规作图, 就是从几个基础数出发, 用四
则运算及开平方作一系列运算 (有限多次) 所得到的数.

笛卡儿虽然在 17 世纪已经弄清楚了尺规作图的代
数含义, 但是他没有进一步将古代三大几何难题用代数
关系来表达. 因此, 他没有想到从代数的角度来考虑这
些实系数多项式 $x^3 - 2$, $x^3 - 3x - a$ 和 $x^2 - \pi$ 的实根, 所以
他也不可能来解决古代这三大几何难题. 从近代代数学
的语言来说, 他没有发现域的概念和域的扩张的概念,
这些是第 4 章的内容.

新的思想(2)——伽罗瓦的工作

在 19 世纪前, 代数学中最前沿的工作是研究如何来求多项式的根. 确切地说, 是研究给定多项式, 找到求根公式. 这个问题也是由来已久. 对于一次多项式及二次多项式的情形, 在 16 世纪以前就已经找到了求根的公式. 在 16 世纪给出了三次多项式及四次多项式的求根公式. 此后, 很多数学家致力于寻找五次多项式的求根公式. 这个问题就是要问: 任给一个文字系数的 n ($n \geqslant 5$) 次多项式,

$$a_0 x^n + a_1 x^{n-1} + \cdots + a_{n-1} x + a_n,$$

能否找到所有根的表达公式, 这个公式中只包含系数的四则运算和各种开方. 这个问题直到 1820 年, 由阿贝尔 (Abel, 1802~1829) 给出了答案, 他严格地证明了在次数 $n \geqslant 5$ 时, 文字系数多项式的求根公式是找不到的. 因此, 自然地提出了一个更难的问题, 那就是如何来判断一个数字系数的 n 次多项式, 使得它的根是由它的系数

作四则运算及各种开方而得到的呢? 这要求首先来考察数字系数多项式的根和它的系数间是如何发生关系的. 这个问题是由伽罗瓦解决的. 而如何让世人知道他的工作是一个具有传奇色彩的故事.

伽罗瓦 (Galois, 1811~1832) 是法国青年数学家. 他在世仅有 21 年. 他开创了"伽罗瓦理论",奠定了抽象代数中群论和域论的基础. 用这个理论,很容易就解决了古代 4000 年来未能解决的倍立方问题和任意角三等分问题. 伽罗瓦给出了多项式可用它的系数在加、减、乘、除以及开任意次方下求出根的充要条件. 这些工作经过发展和整理,成为大学数学系学生在大学二年级必须学习的教科书的内容,这门课的名称叫"抽象代数". 而他本人在世时并没有成名,逝世后却被公认为是一位伟大的数学家. 他的成就在数学发展史中是必定要被提到的.

伽罗瓦在 1830 年 (时年 19 岁) 正式发表了他的第一篇论文"关于数的理论". 在 1830~1831 年 1 月,他向法国科学院投了三次题为"论方程根式可解的条件"的第二篇论文. 第一次被柯西 (Cauchy, 1789~1857) 遗失,第二次因傅里叶 (Fourier, 1768~1830) 去世而被遗忘,第三次被泊松 (Poisson) 认为"不可理解"而被退稿. 这三位

都是当时法国的大数学家.

伽罗瓦出身法国贵族,因爱情决斗而死.在决斗的前夜,他给了好朋友一封遗书.在遗书中要求他的好朋友,如果他因决斗而死,请他将这封遗书送出去发表.结果遗书在他去世后的1832年发表.遗书中主要提到了他被退稿的论文,以及他尚未送出去的两篇论文的内容简介.但是直到伽罗瓦去世14年后的1846年,法国大数学家刘维尔 (Liouville) 才将他被退的稿子和尚未送出的稿子一并整理成两篇论文发表.

伽罗瓦一生总共发表了三篇论文和一篇遗书.19~21岁,总共工作了短短的三年,而且由于掌权的大数学家看不懂他的论文而遭到打压,但是最终也没有遮住他的光辉.

下面继续深化笛卡儿的开创性思想,从伽罗瓦的观点来弄清楚尺规作图究竟是做了什么事情.这里顺便提及,伽罗瓦本人并未直接证明为何用尺规作图不可能作出任意角三等分问题及倍立方问题.但是由他创建的域和域的扩张的性质,很容易证明这些问题是不可解的.

下面来介绍伽罗瓦引进的域的扩张思想.为了使中学生能够掌握这些概念,这里只表述倍立方问题及任意角三等分问题所涉及的简单而具体的域的扩张的概念.

这里仍然要提醒读者,主要在观念上要有所改变.中学中主要学习有关量的各种公式,而不是整体去考虑一个数的集合.现在,需要改变一下习惯,要考虑一堆数构成的集合,它当然是实数域的子集合.最简单的子集合是从 1 出发,用四则运算构造出来的有理数域,它是实数域的子域.

为方便起见,从有理数集 $\mathbb{Q}$ 开始,在定理 3.1 中已经知道,必须先取定一个有向线段,约定它的长度为 1. 从 1 出发,经过四则运算造出的最大集当然就是有理数域.下面将这件事情抽象化,便可以引进如下定义:

定义 4.1 设 $\mathbb{R}$ 为实数域,$\mathbb{R}$ 中包含实数 0 和 1 的子集 $\mathbb{F}$ 称为实数域的子域,或称为数域,如果子集 $\mathbb{F}$ 中任意两数在四则运算下封闭.

引理 4.1 任取有理数 q, 设 q 的开平方 $\sqrt{q}$ 不是有理数,则实数域 $\mathbb{R}$ 中子集

$$\mathbb{F} = \{\, a + b\sqrt{q} \mid \forall a, b \in \mathbb{Q} \,\} \tag{4.1}$$

为 $\mathbb{R}$ 的子域,称为有理数域 $\mathbb{Q}$ 的单代数扩张,记作 $\mathbb{F} = \mathbb{Q}(\sqrt{q})$.

证明 由定义 4.1,只要证明四则运算在 $\mathbb{F}$ 中封闭

就可以了.

在 $\mathbb{R}$ 的子集 $\mathbb{F}$ 中, 任取两数 $a_1 + b_1\sqrt{q}$ 和 $a_2 + b_2\sqrt{q}$, 则

$$(a_1 + b_1\sqrt{q}) \pm (a_2 + b_2\sqrt{q}) = (a_1 \pm a_2) + (b_1 \pm b_2)\sqrt{q},$$

其中 $a_1 \pm a_2, b_1 \pm b_2 \in \mathbb{Q}$, 所以 $\mathbb{F}$ 中的数在加法和减法下封闭. 又

$$(a_1 + b_1\sqrt{q})(a_2 + b_2\sqrt{q}) = a_1a_2 + qb_1b_2 + (a_1b_2 + a_2b_1)\sqrt{q},$$

由于 $a_1a_2 + qb_1b_2 \in \mathbb{Q}$, $a_1b_2 + a_2b_1 \in \mathbb{Q}$, 所以 $\mathbb{F}$ 中的数在乘法下封闭.

现在任取实数 $a_2 + b_2\sqrt{q} \neq 0$, 则 a_2, b_2 不全为零. 于是 $a_2 - b_2\sqrt{q} \neq 0$. 事实上, 若 $b_2 = 0$, 则 $a_2 - b_2\sqrt{q} = a_2 \neq 0$ 显然成立; 若 $b_2 \neq 0$, 则由 $a_2 - b_2\sqrt{q} = 0$ 可推出 $\sqrt{q} = \dfrac{a_2}{b_2} \in \mathbb{Q}$, 这和有理数 q 的选取矛盾. 因此, $a_2 - b_2\sqrt{q} \neq 0$. 下面作除法. 由于

$$\frac{a_1 + b_1\sqrt{q}}{a_2 + b_2\sqrt{q}} = \frac{(a_1 + b_1\sqrt{q})(a_2 - b_2\sqrt{q})}{(a_2 + b_2\sqrt{q})(a_2 - b_2\sqrt{q})}$$

$$= \frac{a_1a_2 - b_1b_2q}{a_2^2 - b_2^2q} + \frac{a_2b_1 - a_1b_2}{a_2^2 - b_2^2q}\sqrt{q}$$

仍在子集 $\mathbb{F}$ 中, 所以 $\mathbb{F}$ 中任一非零数除上任一数后, 商

仍在 $\mathbb{F}$ 中, 即 $\mathbb{F}$ 在除法下封闭. 由子域的定义可知, 子集 $\mathbb{F}$ 为实数域 $\mathbb{R}$ 的子域. 证毕.

注 4.1 实数域 $\mathbb{R}$ 的任何一个子域 $\mathbb{F}$ 一定包含了有理数域 $\mathbb{Q}$. 这是因为子域 $\mathbb{F}$ 中有 1, 而在四则运算下, 1 又生成了 $\mathbb{Q} \subset \mathbb{F}$.

和上面一样计算, 可以证明如下定理:

定理 4.1 设 $\mathbb{F}$ 为实数域 $\mathbb{R}$ 的子域, 记 α 为子域 $\mathbb{F}$ 中的数, 使得 $\sqrt{\alpha} \notin \mathbb{F}$, 则 $\mathbb{R}$ 中子集

$$\mathbb{F}(\sqrt{\alpha}) = \{\, a + b\sqrt{\alpha} \mid \forall a, b \in \mathbb{F} \,\} \tag{4.2}$$

为实数域 $\mathbb{R}$ 的子域, 并且 $\mathbb{F} \subset \mathbb{F}(\sqrt{\alpha})$, $\mathbb{F} \neq \mathbb{F}(\sqrt{\alpha})$. 子域 $\mathbb{F}(\sqrt{\alpha})$ 称为子域 $\mathbb{F}$ 的单代数扩张.

容易看出, 给定实数域 $\mathbb{R}$ 的子域 $\mathbb{F}$ 以及 $\mathbb{F}$ 中的数 α, 使得 $\sqrt{\alpha} \notin \mathbb{F}$, 则包含子域 $\mathbb{F}$ 以及数 $\sqrt{\alpha}$ 的最小子域必为子域 $\mathbb{F}$ 的单代数扩张 $\mathbb{F}(\sqrt{\alpha})$.

注意到上面的讨论, 实际是改变了过去的一个习惯. 过去总是见到数就作运算, 代公式. 现在不一样了, 要整体地考虑构造子域, 目的是为了考虑尺规作图涉及的四则运算和开平方. 按尺规作图的定义, 要进行有限次操作, 每次操作涉及四则运算及开平方这 5 种代数运算之一. 也就是说, 从基础的长度为 1 的有向线段出发, 按照

笛卡儿定理的办法, 从有理数域出发, 不断地作单代数扩张, 所以关键定理如下:

定理 4.2 给定一个确定的有向线段, 约定它的长度为 1. 给定实数 x_0, 用尺规作图能画出一个有向线段, 使得它的长度为 x_0 的充分必要条件是存在实数域 $\mathbb{R}$ 的有限多个子域构成的子域串

$$\mathbb{F}_0 \subset \mathbb{F}_1 \subset \mathbb{F}_2 \subset \cdots \subset \mathbb{F}_i \subset \cdots \subset \mathbb{F}_{m-1} \subset \mathbb{F}_m, \quad (4.3)$$

使得 $x_0 \in \mathbb{F}_m$, 其中子域串有条件

(1) $\mathbb{F}_0 = \mathbb{Q}$ 为有理数域;

(2) $\mathbb{F}_{i-1} \subset \mathbb{F}_i$, $\mathbb{F}_{i-1} \neq \mathbb{F}_i$, 并且存在 $\alpha_i \notin \mathbb{F}_{i-1}$, $\alpha_i^2 = \beta_i \in \mathbb{F}_{i-1}$, 使得

$$\mathbb{F}_i = \mathbb{F}_{i-1}(\alpha_i), \quad i = 1, 2, \cdots, m. \quad (4.4)$$

证明 由于作四则运算, 子域 $\mathbb{F}$ 中的数仍在此子域中, 而子域中的数 α 开平方后可能在此子域中, 也可能不在此子域中. 若不在, 则将开平方后的数 $\sqrt{\alpha}$ 添加到这个子域上, 用四则运算便产生了一个新的子域 $\mathbb{F}(\sqrt{\alpha})$, 它是域 $\mathbb{F}$ 的单代数扩张. 自然, 子域 $\mathbb{F}(\sqrt{\alpha})$ 中的任何一数仍可用尺规作图得到.

这样不断地作下去, 如果有向线段可用尺规作图画出来 (当然这个过程只可作有限步), 则最终必可找到正

整数 m 以及子域 $\mathbb{F}_m$, 使得有向线段的长度为给定的实数 $x_0 \in \mathbb{F}_m$. 反之, $\mathbb{F}_m$ 中的任何数都可以从长度为 1 的有向线段出发, 经过有限次尺规作图画出来. 证毕.

倍立方问题不可解的证明

在第 2 章中已经将倍立方问题和任意角的三等分问题化为一个三次实多项式求实根的问题. 注意到任意奇次实多项式必有实根. 另一方面, 注意到任意三次实多项式 $ax^3 + bx^2 + cx + d$ 必可利用平移 $y = x - \dfrac{b}{3a}$, 将 $ax^3 + bx^2 + cx + d$ 改变为三次实多项式 $ay^3 + ey + f$. 下面证明一个一般的定理.

定理 5.1 任取有理系数多项式

$$x^3 - ux - v, \tag{5.1}$$

则它的实根能从给定的长度为 1 的有向线段出发, 经过尺规作图画出来的充分必要条件是有理系数多项式 $x^3 - ux - v$ 有有理数根.

证明 如果有理系数多项式 $x^3 - ux - v$ 的实根 x_0 可以用尺规作图画出来, 则由定理 4.4, 存在实数域 $\mathbb{R}$ 的子域串

$$\mathbb{Q} = \mathbb{F}_0 \subset \mathbb{F}_1 \subset \cdots \subset \mathbb{F}_m, \tag{5.2}$$

其中 $\mathbb{F}_{i-1} \neq \mathbb{F}_i$, 并且存在 $\alpha_i \notin \mathbb{F}_{i-1}$, $\alpha_i^2 = \beta_i \in \mathbb{F}_{i-1}$, $\mathbb{F}_i = \mathbb{F}_{i-1}(\alpha_i)$ $(i = 1, 2, \cdots, m)$, 使得 $x_0 \in \mathbb{F}_m = \mathbb{F}_{m-1}(\alpha_m)$. 因此, 存在 $a, b \in \mathbb{F}_{m-1}$, 使得

$$x_0 = a + b\alpha_m \tag{5.3}$$

为有理系数多项式 $x^3 - ux - v$ 的实根, 即

$$0 = x_0^3 - ux_0 - v = (a + b\alpha_m)^3 - u(a + b\alpha_m) - v$$

$$= a^3 + 3a^2 b\alpha_m + 3ab^2\alpha_m^2 + b^3\alpha_m^3 - ua - ub\alpha_m - v$$

$$= (a^3 + 3ab^2\beta_m - ua - v) + (3a^2 + b^2\beta_m - u)b\alpha_m.$$

注意到 u 和 v 是有理数, 所以 $u, v \in \mathbb{F}_{m-1}$, 因此, $a^3 + 3ab^2\beta_m - ua - v$, $b(3a^2 + b^2\beta_m - u) \in \mathbb{F}_{m-1}$, 所以上式等价于

$$(3a^2 + b^2\beta_m - u)b = 0, \tag{5.4}$$

$$a^3 + 3ab^2\beta_m - ua - v = 0. \tag{5.5}$$

下面分两种情况讨论:

(1) 设 $b = 0$, 则式 (5.4) 自动成立, 而式 (5.5) 成为 $a^3 - ua - v = 0$, 所以 $x_0 = a + b\alpha_m = a \in \mathbb{F}_{m-1}$ 是有理系数多项式 $x^3 - ux - v$ 的根;

(2) 设 $b \neq 0$, 则式 (5.4) 等价于 $\beta_m = \dfrac{u - 3a^2}{b^2}$. 将它代入式 (5.5), 于是式 (5.5) 等价于

$$a^3 + \frac{3ab^2(u - 3a^2)}{b^2} - ua - v = a^3 + 3au - 9a^3 - ua - v$$

$$= (-2a)^3 - u(-2a) - v = 0,$$

所以 $\mathbb{F}_{m-1}$ 中的数 $-2a$ 为有理系数多项式 $x^3 - ux - v$ 的根.

上面两种情况都证明了有理系数多项式 $x^3 - ux - v$ 在子域 F_{m-1} 中有根.

前面从有理系数多项式 $x^3 - ux - v$ 在子域 $\mathbb{F}_m$ 中有根推出在子域 $\mathbb{F}_{m-1}$ 中有根. 这样依次讨论下去, 由归纳法思想, 便证明了有理系数多项式 $x^3 - ux - v$ 在子域 $\mathbb{F}_0 = \mathbb{Q}$ 中有根, 即有理系数多项式 $x^3 - ux - v$ 有有理数根.

反之, 若有理系数多项式 $x^3 - ux - v$ 有有理数根, 则由于可从 1 出发, 用尺规作图可以画出任意有理数长度的有向线段, 所以证明了有理系数多项式 $x^3 - ux - v$ 的有理数根可用尺规作图画出. 证毕.

定理 5.2 倍立方问题在尺规作图的限制下是不可解的, 即从长度为 1 的有向线段出发, 用尺规作图画不出长度为有理系数多项式 $x^3 - 2$ 的实根的有向线段.

证明 多项式 $x^3 - 2$ 是整系数多项式, 所以基础数为 1. 设倍立方问题在尺规作图的限制下有解. 由定理 5.1, 整系数多项式 $x^3 - 2$ 有有理数根. 为了推出矛盾, 只要证明整系数多项式 $x^3 - 2$ 没有有理数根就可以了.

用反证法. 设整系数多项式 $x^3 - 2$ 有有理数根 $\dfrac{u}{v}$, 其中 v 为正整数, u 为整数, 并且 u 和 v 的最大公因子为 1, 即 u 和 v 互素. 代入有 $\dfrac{u^3}{v^3} = 2$, 即 $u^3 = 2v^3$. 于是 $v|u^3$, 即 v 整除 u^3. 由于 u 和 v 互素, 所以 $v = 1$. 因此, $u^3 = 2$, 所以 $2|u^3$, 即 $2|u$. 记 $u = 2u_1$, 代入有 $4u_1^3 = 1$, 这导出矛盾. 证毕.

倍立方问题的解决告诉我们, 数学中最重要的是要有新的思想、新的切入点, 引进新的概念, 这样问题才能迎刃而解.

任意角三等分问题不可解的证明

注意: 这个问题的关键是 "任意" 两字, 这意味着如果能够举出一个反例就可以了. 例如, 取角为 $\dfrac{\pi}{3}$, 即 $60°$, 下面来证明用尺规作图不可能三等分 $60°$ 角.

现在考虑角 $\theta = 60°$. 已知 $\sin 60° = \dfrac{\sqrt{3}}{2}$, $\cos 60° = \dfrac{1}{2}$. 取 $a = 2\cos 60° = 1$. 由式 (2.5) 可知, 三等分 $60°$ 角的问题化为讨论整系数多项式 $x^3 - 3x - 1$ 求实根的问题.

定理 6.1 三等分任意角问题在尺规作图的限制下是不可解的, 即从长度为 1 的有向线段出发, 用尺规作图是画不出长度为整系数多项式

$$x^3 - 3x - 1 \tag{6.1}$$

的实根的有向线段.

证明 由于多项式 $x^3 - 3x - 1$ 为整系数多项式, 给定长度为 1 的有向线段, 设用尺规作图三等分 $60°$ 角的问题有解, 则由定理 5.1, 整系数多项式 $x^3 - 3x - 1$ 有有理数根. 为了推出矛盾, 只要证明整系数多项式 $x^3 - 3x - 1$

没有有理数根就可以了.

设多项式 $x^3 - 3x - 1$ 有有理数根 $\alpha = \dfrac{u}{v}$, 其中 v 为正整数, u 为整数. 又 u 和 v 的最大公因子为 1, 即 u 和 v 互素. 代入式 (6.1) 有 $\left(\dfrac{u}{v}\right)^3 - 3\dfrac{u}{v} - 1 = 0$. 通分后有 $u^3 - 3uv^2 - v^3 = 0$. 因此, $v|u^3$. 但是 u 和 v 互素, 所以 $v = 1$, 即 $u^3 - 3u = 1$, 于是 $u|1$, 即 $u = \pm 1$, 所以 $\alpha = \pm 1$. 代入多项式 $x^3 - 3x - 1$ 有 $\mp 2 - 1 = 0$, 这导出矛盾. 证毕.

当然, 用尺规作图三等分任意角是不可能的, 不等于说, 对一些特殊角也不可以用尺规作图三等分. 例如, $45°$, $90°$ 等.

定理 6.2 对正整数 n, 设 3 除不尽 n, 即 $n = 3k \pm 1 > 0$. 如果可以用尺规作图画出角度 $\dfrac{\pi}{n}$, 则角度 $\dfrac{\pi}{3n}$ 也可以用尺规作图画出来.

证明 注意到 3 为素数, 条件为 n 和 3 互素. 因此, 存在整数 u 和 v, 使得 $un + 3v = 1$. 于是

$$\frac{1}{3}\left(\frac{\pi}{n}\right) = \frac{(un + 3v)\pi}{3n} = \frac{u\pi}{3} + \frac{v\pi}{n}.$$

由假设, 角 $\dfrac{\pi}{n}$ 可用尺规作图作出来, v 为整数, 所以角 $v\dfrac{\pi}{n}$

也能用尺规作图作出来. 已知 $\dfrac{\pi}{3}$ 可用尺规作图作出来,

而 u 为整数, 因此, 角 $\dfrac{u\pi}{3}$ 也能用尺规作图作出来. 于是

$\dfrac{1}{3}\left(\dfrac{\pi}{n}\right)$ 也可以用尺规作图作出来. 证毕.

顺便指出, 一般来说, $\sin\dfrac{\pi}{n}$ 和 $\cos\dfrac{\pi}{n}$ 不同时是有理数.

进一步的讨论(1)

在第 6 章中, 举了一个反例, 从而证明了在尺规作图限制下任意角不能三等分. 那么具体来说, 哪些角可以三等分, 哪些角不可以三等分呢? 这是一个自然的问题.

在本章, 讨论 $a = 2\cos\theta$ 或 $a = 2\sin\theta$ 为有理数的情形, 即要讨论三次有理系数多项式

$$x^3 - 3x - a \tag{7.1}$$

的根. 注意到这个多项式的系数为 3 和 a, 它们都是有理数, 所以基础线段只有长度为 1 的有向线段. 由定理 5.1, 在尺规作图限制下能三等分角的充分必要条件是多项式 (7.1) 有有理数根. 于是有如下定理:

定理 7.1 设已给角度 θ 有 $a = 2\cos\theta$ 或 $a = 2\sin\theta$ 为有理数 $a = \dfrac{u}{v}$, 其中 v 为正整数, u 为整数. 又 u 和 v 互素, 则角 θ 可用尺规作图三等分的充分必要条件为

(1) v 为一个正整数 s 的立方, 即

$$v = s^3; \tag{7.2}$$

(2) 存在 u 的因子 r, 使得

$$\frac{u}{r} = r^2 - 3s^2. \tag{7.3}$$

证明   设多项式 $x^3 - 3x - \dfrac{u}{v}$ 有有理根 $\dfrac{r}{s}$, 其中 s 为正整数, r 为整数, 并且 r 和 s 互素, 即

$$\left(\frac{r}{s}\right)^3 - 3\left(\frac{r}{s}\right) = \frac{u}{v},$$

通分后有

$$vr^3 - 3vrs^2 = us^3. \tag{7.4}$$

因此, $s^2 | vr^3$. 由于 r 和 s 互素, 所以 $s^2 | v$. 记 $v = s^2 v_0$, 代入有 $v_0 r^3 - 3v_0 rs^2 = us$, 于是 $s | v_0 r^3$. 由于 r 和 s 互素, 因此, $s | v_0$, 所以 $s^3 | v$. 记 $v = s^3 v_1$, 代入式 (7.4) 有 $v_1 r^3 - 3v_1 rs^2 = u$, 于是 $v_1 | u$. 因此 v_1 为 u 和 v 的公因子, 由于 u 和 v 互素, 所以 $v_1 = 1$, 即 $v = s^3$. 这时, 式 (7.4) 变为 $r^3 - 3rs^2 = u$, 因此, $r | u$ 且 $r^2 - 3s^2 = \dfrac{u}{r}$.

反之, 若有理数 a 的既约分数表示为 $a = \dfrac{u}{s^3}$, 其中 s 为正整数, 并且 u 和 s 互素. 又有 u 的因子 r, 使得 $\dfrac{u}{r} = r^2 - 3s^2$. 下面证明多项式 $x^3 - 3x - \dfrac{u}{s^3}$ 有根 $\dfrac{r}{s}$. 事实上,

$$\left(\frac{r}{s}\right)^3 - 3\left(\frac{r}{s}\right) - \frac{u}{s^3} = \frac{r^3 - 3rs^2 - u}{s^3} = \frac{r(r^2 - 3s^2) - u}{s^3} = 0.$$

证毕.

定理 7.1 说明, 条件 (1) 和 (2) 是很强的. 也就是说, 只有少数有理数 a 才能适合条件. 由此也可知在多数有理数的情形下, 用尺规作图三等分一个角是不可能的.

进一步的讨论(2)

第 7 章讨论了 $a = 2\cos\theta$ 或 $a = 2\sin\theta$ 是有理数的情形. 下面讨论 $a = 2\cos\theta$ 和 $a = 2\sin\theta$ 都不是有理数的情形. 这时, 考虑多项式

$$x^3 - 3x - a \tag{8.1}$$

就困难了. 因为这时基础数除了 1 以外, 还有 a, 而 a 不是有理数.

定理 8.1　设 a 是实数, $a \notin \mathbb{Q}$, 则有理数域 $\mathbb{Q}$ 的单扩张 $\mathbb{Q}(a)$ 为子域

$$\mathbb{Q}(a) = \left\{ \left. \frac{f(a)}{g(a)} \right| f(x), g(x) \in \mathbb{Q}[x], \, g(a) \neq 0 \right\}, \tag{8.2}$$

其中 $g(a) \neq 0$, $f(x)$, $g(x) \in \mathbb{Q}[x]$, $\mathbb{Q}[x]$ 为有理系数多项式环 (见附录 A).

又单扩张 $\mathbb{Q}(a)$ 中任取两元素 $\dfrac{f(a)}{g(a)}$ 和 $\dfrac{h(a)}{k(a)}$,

$$f(a) = a_n a^n + a_{n-1} a^{n-1} + \cdots + a_1 a + a_0,$$

$$g(a) = b_m a^m + b_{m-1} a^{m-1} + \cdots + b_1 a + b_0,$$

$$h(a) = c_u a^u + c_{u-1} a^{u-1} + \cdots + c_1 a + c_0,$$

$$k(a) = d_v a^v + d_{v-1} a^{v-1} + \cdots + v_1 a + v_0,$$

(8.3)

其中 $f(x)$, $g(x)$, $h(x)$, $k(x) \in \mathbb{Q}[x]$, $g(a)k(a) \neq 0$, 则

$$\frac{f(a)}{g(a)} = \frac{h(a)}{k(a)} \tag{8.4}$$

当且仅当

$$f(a)k(a) = g(a)h(a). \tag{8.5}$$

证明　对 1 和 a 这两个基础数用四则运算, 构造出子集 (8.2). 下面证明子集 (8.2) 为子域, 即证明子集 (8.2) 在四则运算下封闭.

任取 $\dfrac{f(a)}{g(a)}$ 和 $\dfrac{h(a)}{k(a)} \in \mathbb{Q}(a)$, 其中 $g(a)k(a) \neq 0$, 于是

$$\frac{f(a)}{g(a)} \pm \frac{h(a)}{k(a)} = \frac{f(a)k(a) \pm g(a)h(a)}{g(a)k(a)} \in \mathbb{Q}(a),$$

$$\frac{f(a)}{g(a)} \, \frac{h(a)}{k(a)} = \frac{f(a)h(a)}{g(a)k(a)} \in \mathbb{Q}(a).$$

又设 $g(a)k(a)h(a) \neq 0$, 于是

$$\frac{\dfrac{f(a)}{g(a)}}{\dfrac{h(a)}{k(a)}} = \frac{f(a)}{g(a)} \cdot \frac{k(a)}{h(a)} = \frac{f(a)k(a)}{g(a)h(a)} \in \mathbb{Q}(a),$$

所以 $\mathbb{Q}(a)$ 是一个子域.

另一方面, 将式 (8.4) 的分母通分, 证明了式 (8.4) 成立当且仅当式 (8.5) 成立. 证毕.

显然, $\mathbb{Q} \subset \mathbb{Q}(a)$, 其中 $a \notin \mathbb{Q}$. $\mathbb{Q}(a)$ 称为有理数域 $\mathbb{Q}$ 上的单扩张. 用定理 4.4 完全同样的方法, 可以证明如下定理:

定理 8.2 给定一个确定的有向线段, 约定它的长度为 1. 另外, 已知长度为非有理数的实数 a 的有向线段. 给定实数 x_0, 从基础线段长度为 1 以及实数 a 的有向线段出发, 用尺规作图画出有向线段, 使得它的长度为实数 x_0 的充分必要条件为存在实数域 $\mathbb{R}$ 的有限多个子域构成的串

$$\mathbb{Q}(a) = \mathbb{F}_0 \subset \mathbb{F}_1 \subset \cdots \subset \mathbb{F}_m, \tag{8.6}$$

使得 $x_0 \in \mathbb{F}_m$, 其中子域串有如下条件:

(1) $\mathbb{F}_0 = \mathbb{Q}(a)$ 为有理数域 $\mathbb{Q}$ 添加实数 a 的单扩张, 其中 a 不是有理数;

(2)

$$\mathbb{F}_{i-1} \subset \mathbb{F}_i, \quad \mathbb{F}_{i-1} \neq \mathbb{F}_i, \quad \exists \alpha_{i-1} \notin \mathbb{F}_{i-1}, \quad \alpha_{i-1}^2 = \beta_{i-1} \in \mathbb{F}_{i-1},$$

$$\mathbb{F}_i = \mathbb{F}_{i-1}(\alpha_{i-1}), \quad i = 1, 2, \cdots, m. \tag{8.7}$$

用定理 5.1 完全同样的方法, 可以证明如下定理:

定理 8.3 实系数多项式

$$x^3 - 3x - a \tag{8.8}$$

的根能从给定长度为 1 及 a 的有向线段出发, 经过尺规作图画出来的充分必要条件为 $x^3 - 3x - a$ 在子域 $\mathbb{F}_0 = \mathbb{Q}(a)$ 中有根.

因此, 从三等分角的情形来看, 考虑的三次实系数多项式是 $x^3 - 3x - a$. 问题是对什么实数 $a \notin \mathbb{Q}$, 则 $x^3 - 3x - a$ 的实根不在子域 $\mathbb{Q}(a)$ 中. 由此可见, 子域 $\mathbb{Q}(a)$ 的结构至关重要. 下面展开这方面的讨论 (见附录 A 和附录 C).

定义 8.1 实数域 $\mathbb{R}$ 中数 x_0 称为代数数, 如果存在有理系数多项式 $h(x)$, 使得 $h(x_0) = 0$; 否则, 称为超越数 (见附录 A 和附录 C).

由定义 8.1 可知, 实数分成两大类: 一类是代数数, 它是有理系数多项式的根; 另一类是超越数, 它不是任

何一个有理系数多项式的根. 要判定一个数是代数数还是超越数是很困难的事. 研究这方面的数学分支称为超越数论.

定义 8.2 设 a 是代数数, 有理数域 $\mathbb{Q}$ 的单扩张 $\mathbb{Q}(a)$ 称为有理数域 $\mathbb{Q}$ 的单代数扩张. 设 a 是超越数, 有理数域 $\mathbb{Q}$ 的单扩张 $\mathbb{Q}(a)$ 称为有理数域 $\mathbb{Q}$ 的单超越扩张.

定理 8.4 设 a 是超越数, 有理数域 $\mathbb{Q}$ 的单超越扩张为

$$\mathbb{Q}(a) = \left\{ \left. \frac{f(a)}{g(a)} \; \right| \; f(x), g(x) \in \mathbb{Q}[x], \; g(x) \neq 0 \right\}. \qquad (8.9)$$

又单超越扩张 $\mathbb{Q}(a)$ 中任取一元 $\dfrac{f(a)}{g(a)}$, 记最大公因式 $\gcd(f(x), g(x)) = d(x)$, $f_1(x) = \dfrac{f(x)}{\lambda d(x)}$, $g_1(x) = \dfrac{g(x)}{\lambda d(x)}$, 其中 $d(x)$ 和 $g_1(x)$ 的首项系数为 1, $\lambda \neq 0$ 为 $g(x)$ 的首项系数, 则 $\dfrac{f(a)}{g(a)} = \dfrac{f_1(a)}{g_1(a)} \cdot \dfrac{f_1(a)}{g_1(a)}$ 称为 $\dfrac{f(a)}{g(a)}$ 的既约分式, 它适合 $\gcd(f_1(x), g_1(x)) = 1$.

单超越扩张 $\mathbb{Q}(a)$ 中两既约分式 $\dfrac{f(a)}{g(a)}$ 和 $\dfrac{h(a)}{k(a)}$ 相等当且仅当 $f(x) = \lambda h(x)$, $g(x) = \lambda k(x)$, 其中 $\lambda \in \mathbb{Q}$, $\lambda \neq 0$, x 为自变量.

证明 由定理 8.1, $\dfrac{f(a)}{g(a)} = \dfrac{h(a)}{k(a)}$ 当且仅当 $f(a)k(a) =$

$g(a)h(a)$. 于是 $f(x)k(x) - g(x)h(x)$ 是 x 的多项式, 它有根 a. 但是 a 是超越数, 由定义 8.1, $f(x)k(x) = g(x)h(x)$. 由 $\gcd(f(x), g(x)) = 1$, $\gcd(h(x), k(x)) = 1$, 所以 $g(x)|k(x)$, 并且 $k(x)|g(x)$. 因此, 存在非零数 $\lambda \in \mathbb{Q}$, 使得 $g(x) = \lambda k(x)$, 所以 $f(x) = \lambda h(x)$. 证毕.

注意: 由定理 8.4 可知, 当 a 是超越数时, $Q(a)$ 中的数 $\dfrac{f(a)}{g(a)}$ 和有理分式 $\dfrac{f(x)}{g(x)}$ 是完全一样的, 所以在 $Q(a)$ 中作代数运算和在有理分式域

$$Q(x) = \left\{ \left. \frac{f(x)}{g(x)} \right| \forall f(x),\ g(x) \in Q[x],\ g(x) \neq 0 \right\}$$

中是一样的. 读者可以证明这一点!

从三等分角的角度, 可以证明 (见附录 A 和附录 C) 如下定理:

定理 8.5 设 $a = 2\cos\theta$ 或 $a = 2\sin\theta$ 是超越数的情形, 则在尺规作图的限制下, 角 θ 不可三等分.

证明 由定理 8.3, 问题化为证多项式

$$x^3 - 3x - a \tag{8.10}$$

在子域 $\mathbb{Q}(a)$ 中无根, 其中 a 为超越数.

用反证法. 设在子域 $\mathbb{Q}(a)$ 中存在数 $\dfrac{f(a)}{g(a)}$, 它为多项式 $x^3 - 3x - a$ 的根, 其中 $f(x), g(x) \in \mathbb{Q}[x]$, $g(x) \neq 0$, $g(x)$

的首项系数为 1. 又 $f(x)$ 和 $g(x)$ 的最大公因子为 1, 即这两个多项式互素. 由 $\left(\dfrac{f(a)}{g(a)}\right)^3 - 3\left(\dfrac{f(a)}{g(a)}\right) - a = 0$ 通分有

$$f(a)^3 - 3f(a)g(a)^2 - ag(a)^3 = 0. \qquad (8.11)$$

于是有理系数多项式 $f(x)^3 - 3f(x)g(x)^2 - xg(x)^3$ 有根 a. 但是 a 是超越数, 由定义 8.1, $f(x)^3 - 3f(x)g(x)^2 - xg(x)^3 = 0$, 所以 $g(x)|f(x)^3$. 但是 $g(x)$ 和 $f(x)$ 互素, $g(x)$ 的首项系数为 1, 这证明了 $g(x) = 1$. 因此, $f(x)^3 - 3f(x) = x$, 所以 $f(x)|x$. 因此, $f(x) = \lambda x$, 其中 λ 为非零有理数. 于是 $f(a) = \lambda a$, $g(a) = 1$, 因此, 式 (8.11) 是

$$\lambda^3 a^3 - (3\lambda + 1)a = 0, \quad \lambda \neq 0.$$

这证明了超越数 a 是有理系数多项式 $\lambda^3 x^3 - (3\lambda+1)x = 0$ 的根, 所以和 a 为超越数矛盾. 证毕.

在 $a = 2\cos\theta$ 和 $a = 2\sin\theta$ 都是代数数, 但是 $a \notin \mathbb{Q}$ 的情形, 则需要用抽象代数的知识才能进行讨论, 在这里就略去了.

第9章 ⋯⋯⋯⋯⋯⋯⋯⋯⋯⋯⋯⋯⋯⋯⋯⋯⋯⋯⋯

化圆为方问题不可解的证明

　　已经知道,所谓化圆为方问题,是指在尺规作图的限制下,能否对约定半径为 1 的圆,用尺规作图画出一个和这个圆的面积 π 相等的正方形,其中 π 为圆周率. 记这个正方形的边长为 x, 当然 $x^2 = \pi$, 所以 $x = \sqrt{\pi}$. 因此,问题化为要求用尺规作图画出长度为 $\sqrt{\pi}$ 的线段. 由笛卡儿的办法,用尺规作图可以画出长度为 $\sqrt{\pi} > 0$ 的线段当且仅当可以画出长度为 π 的线段.

　　前面已经讲过,从长度为 1 的线段出发,作所有可能的四则运算,可构造出有理数域,所以尺规作图的代数语言是: 从有理数域 $\mathbb{Q}$ 出发,构造出一个域串

$$\mathbb{Q} = \mathbb{F}_0 \subset \mathbb{F}_1 \subset \cdots \subset \mathbb{F}_m, \qquad (9.1)$$

其中子域 $\mathbb{F}_j = \mathbb{F}_{j-1}(\alpha_{j-1})$, $\alpha_{j-1} \notin \mathbb{F}_{j-1}$, $\alpha_{j-1}^2 = \beta_{j-1} \in \mathbb{F}_{j-1}(1 \leqslant j \leqslant m)$. 于是尺规作图可以画出以子域 $\mathbb{F}_m$ 中任一数为长度的线段.

　　另一方面,在定义 8.4 中,定义了代数数和超越数. 下

面容易证明如下引理:

引理 9.1　记 $0 \leqslant j \leqslant m$, 在子域串 (9.1) 中任取一个中间子域

$$\mathbb{F}_j = \mathbb{F}_{j-1}(\alpha_{j-1}), \tag{9.2}$$

于是 $\mathbb{F}_j$ 中元

$$u_j = a_{j-1} + b_{j-1}\alpha_{j-1}, \tag{9.3}$$

其中 $a_{j-1}, b_{j-1} \in \mathbb{F}_{j-1}$. 而 $\mathbb{F}_j$ 中数 u_j 必对应另一数

$$\overline{u_j} = a_{j-1} - b_{j-1}\alpha_{j-1}. \tag{9.4}$$

数 $\overline{u_j}$ 称为数 u_j 的共轭数. 于是有

(1) $u_j = \overline{u_j}$, 则 $u_j \in \mathbb{F}_{j-1}$;

(2) $u_j \in \mathbb{F}_{j-1}$, 则 $u_j = \overline{u_j}$;

(3) $\overline{\overline{u_j}} = u_j$;

(4) $u_j + \overline{u_j} = 2a_{j-1} \in \mathbb{F}_{j-1}$;

(5) $u_j\overline{u_j} = a_{j-1}^2 - b_{j-1}^2\beta_{j-1} \in \mathbb{F}_{j-1}$.

引理 9.2　在子域 $\mathbb{F}_j$ 上取定多项式

$$h_j(x) = u_0 x^k + u_1 x^{k-1} + \cdots + u_{k-1}x + u_k, \quad u_0 \neq 0, \tag{9.5}$$

构造多项式

$$\overline{h_j(x)} = \overline{u_0}x^k + \overline{u_1}x^{k-1} + \cdots + \overline{u_{k-1}}x + \overline{u_k}. \tag{9.6}$$

多项式 $\overline{h_j(x)}$ 称为子域 $\mathbb{F}_j$ 上多项式 $h_j(x)$ 的共轭多项式. 而多项式

$$h_j(x)\overline{h_j(x)}$$

为子域 $\mathbb{F}_{j-1}$ 上的 $2k$ 次多项式.

证明 由直接计算有

$$
\begin{aligned}
h_j(x)\overline{h_j(x)} &= \sum_{m=0}^{k} a_m x^{k-m} \sum_{n=0}^{k} \overline{a_n} x^{k-n} \\
&= \sum_{m=0}^{k} \sum_{n=0}^{k} a_m \overline{a_n} x^{2k-(m+n)} \\
&= \sum_{p=0}^{2k} \left(\sum_{m+n=p,\, 0\leqslant m,n\leqslant k} a_m \overline{a_n} \right) x^{2k-p} \\
&= \sum_{p=0}^{2k} b_p x^{2k-p},
\end{aligned}
$$

它的首项系数为 $b_0 = a_0\overline{a_0} \neq 0$, 所以次数为 $2k$. 目的是证 $b_p \in \mathbb{F}_{j-1}(p = 0,\, 1,\, \cdots,\, 2k)$. 由引理 9.1, 即要证 $\overline{b_p} = b_p(0 \leqslant p \leqslant 2k)$. 今

$$b_p = \sum_{m+n=p,\, 0\leqslant m,n\leqslant k} a_m \overline{a_n}, \qquad (9.7)$$

而

$$\overline{b_p} = \sum_{m+n=p,\,0\leqslant m,n\leqslant k} \overline{a_m\,\overline{a_n}}$$

$$= \sum_{m+n=p,\,0\leqslant m,n\leqslant k} \overline{a_m}\,\overline{\overline{a_n}}$$

$$= \sum_{m+n=p,\,0\leqslant m,n\leqslant k} \overline{a_m}\,a_n$$

$$= \sum_{m+n=p,\,0\leqslant m,n\leqslant k} a_m\,\overline{a_n} = b_p.$$

这证明了 $h_j(x)\overline{h_j(x)} \in \mathbb{F}_{j-1}$. 证毕.

引理 9.3 用尺规作图, 从长度为 1 的有向线段出发, 只能画出代数数, 即式 (9.1) 中的子域 $\mathbb{F}_m$ 中任一数为代数数.

证明 在子域串 (9.1) 的子域 $\mathbb{F}_m$ 中任取一数 u_m, 构造 $2^0 = 1$ 次多项式

$$f_m(x) = x - u_m.$$

由引理 9.2 有 $2^0 + 2^0 = 2^1$ 次多项式 $f_{m-1}(x) = f_m(x)\overline{f_m(x)} \in \mathbb{F}_{m-1}[x]$, 并且 $f_m(x) \mid f_{m-1}(x)$. 由引理 9.2 有 $2^1 + 2^1 = 2^2$ 次多项式 $f_{m-2}(x) = f_{m-1}(x)\overline{f_{m-1}(x)} \in \mathbb{F}_{m-2}[x]$, 并且 $f_{m-1}(x) \mid f_{m-2}(x)$. 依次讨论下去, 于是可构造 2^j 次多项式 $f_{m-j}(x) = f_{m-j+1}(x)\overline{f_{m-j+1}(x)} \in \mathbb{F}_{m-j}[x]$, 并且 $f_{m-j+1}(x) \mid$

$f_{m-j}(x)(j = 1, 2, \cdots, m)$. 最后得到 2^m 次多项式 $f_0(x) \in \mathbb{F}_0[x] = \mathbb{Q}[x]$, 即得到一个 2^m 次有理系数多项式 $f_0(x)$, 所以

$$f_1(x) \mid f_0(x), \quad f_2(x) \mid f_1(x), \quad \cdots, \quad f_m(x) \mid f_{m-1}(x).$$

因此有 $f_m(x) \mid f_0(x)$. 今 $f_m(x) = x - u_m$, 所以 $f_0(x)$ 有因子 $x - u_m$, 即 $f_0(x) = (x - u_m)F_0(x)$. 这证明了 $f_0(u_m) = 0$, 即 u_m 为 2^m 次有理系数多项式的根, 所以 u_m 为代数数. 由于 u_m 为 $\mathbb{F}_m$ 中任取的数, 所以证明了子域 $\mathbb{F}_m$ 全由代数数构成. 因此, 也证明了从约定长度为 1 的有向线段出发, 用尺规作图能画出的线段, 其长度必为代数数. 证毕.

注 9.1 引理 9.3 告诉我们, 用尺规作图只能画出长度为代数数的有向线段. 但是反之不对, 即任给一个长度为代数数的有向线段, 不一定能从约定长度为 1 的有向线段出发, 用尺规作图画出这个有向线段. 但是在超越数的情形, 则一定画不出.

因此, 若能用尺规作图化圆为方, 即能画出长度为 $\sqrt{\pi}$ 的线段, 则 $\sqrt{\pi}$ 必为代数数. 所以, 为了证明用尺规作图不能化圆为方, 只要证明 $\sqrt{\pi}$ 是超越数就行了. 下面来证明这一点.

定理 9.1 化圆为方问题在尺规作图的限制下是不可解的, 即从长度为 1 的有向线段出发, 用尺规作图画不出长度为圆周率 π 的有向线段.

证明 用反证法. 由引理 9.3, 如果化圆为方问题在尺规作图限制下是可能的, 则圆周率 π 的开方 $\sqrt{\pi}$ 为代数数, 因此, 圆周率 π 是代数数, 所以 π^2 是代数数, 即存在非零有理系数多项式 $g(x)$ 有 $g(\pi^2) = 0$. 记 $h(x) = g(-x)$, 于是 $h(-\pi^2) = g(\pi^2) = 0$. 记 $\mathrm{i} = \sqrt{-1}$, 于是

$$h((\mathrm{i}\pi)^2) = 0,$$

所以存在非零有理系数多项式 $f(x) = h(x^2)$, 有 $f(\mathrm{i}\pi) = h((\mathrm{i}\pi)^2) = 0$. 这证明了 $\mathrm{i}\pi$ 为代数数.

但是在附录 C 中, 证明了 $\mathrm{i}\pi$ 是超越数. 这就导致矛盾. 因此, 证明了 $\sqrt{\pi}$ 不是代数数, 所以在尺规作图限制下是不能化圆为方的. 证毕.

结 束 语

关于尺规作图问题, 还有一些其他方向的发展. 由于这些内容对数学的发展没有多大的作用, 仅属于趣味数学范围, 所以就不详细介绍了. 具体如下:

(1) 仅用生锈的圆规可以做些什么事.

(2) 给定一个圆 (知道圆周和圆心), 用直尺可以做些什么事. 德国数学家希尔伯特 (Hilbert) 证明了给定一个圆, 但不知圆心, 仅用直尺是找不到圆心的.

另外, 除了古代三大几何问题外, 还有所谓用尺规作图能画出正多边形吗? 例如, 高斯在 17 岁时研究过正 p 边形的尺规作图问题, 其中 p 为素数. 高斯给出了用尺规作图画出正十七边形的方法, 并且证明了正七边形是不能用尺规作图画出的. 高斯逝世后, 墓碑上就刻了一个正十七边形. 高斯生前自己说, 他对数学感兴趣是从画出正十七边形开始的.

本书介绍的古代三大几何作图难题. 经过 4000 年的

努力,在 19 世纪才完全解决.和它们直接有关的问题也随之解决.倍立方问题和三等分任意角问题引起了抽象代数的建立和发展,特别是域论中的伽罗瓦理论.化圆为方问题引起了超越数论的发展.而这些工作主要还是年青人做出的.特别是伽罗瓦,他从 18~21 岁短短的三年时间内,做出了在他那个时代都一时无法接受的数学思想.这也说明数学是年青人的天下.另外,可以看到,论文不在多少,而是在于对数学的发展起多大作用.

参考文献

[1] 克莱因. 高观点下的初等数学 (共三卷). Springer, 1902 (原文为德文. 舒湘芹等翻译自英文版. 上海: 复旦大学出版社, 2008).

[2] 克莱因. 初等几何的著名问题. 1895. (原文为德文. 由沈一兵翻译自英文版. 2005 年由高等教育出版社出版.)

[3] 柯朗, 罗宾. 什么是数学, 对思想和方法的基本研究. Oxford: Oxford University Press, 1942. (1995 年, 斯图尔特作了增订. 左平翻译自英文版. 上海: 复旦大学出版社, 2004.)

[4] 许以超. 从三等分角谈起. 数学通报, 2008, 47(9): 1–5.

有理系数多项式

记 $\mathbb{Q}$ 为所有有理数构成的集合, 称为有理数域. 记 $\mathbb{Z}$ 为所有整数构成的集合, 称为整数环. 显然, $\mathbb{Z} \subset \mathbb{Q}$.

记 $\mathbb{Q}[x]$ 为所有有理系数多项式构成的集合, 称 $\mathbb{Q}[x]$ 为有理系数多项式环. 记 $\mathbb{Z}[x]$ 为所有整系数多项式构成的集合, 称为整系数多项式环. 显然, $\mathbb{Z}[x] \subset \mathbb{Q}[x]$.

对复多项式环 $\mathbb{C}[x]$、实多项式环 $\mathbb{R}[x]$、有理系数多项式环 $\mathbb{Q}[x]$, 它们和整系数多项式环 $\mathbb{Z}[x]$ 有本质上的不同. 差别在于不可约多项式的定义. 已经知道, 对有理系数多项式环 $\mathbb{Q}[x]$, 求平凡公因子的方法如下: 设 $f(x)$ 和 $g(x)$ 为有理系数非零多项式, 并且有 $f(x) \mid g(x)$, $g(x) \mid f(x)$, 即 $f(x)$ 和 $g(x)$ 是相伴的, 这意味着 $f(x)$ 和 $g(x)$ 关于相除是等价的. 这时, 存在 $c \in \mathbb{Q}$, $c \neq 0$, 使得 $g(x) = cf(x)$. 但是对整系数多项式环 $\mathbb{Z}[x]$, 有如下引理:

引理 A.1 设 $f(x)$ 和 $g(x)$ 为两个非零整系数多项式, 并且适合条件 $f(x) \mid g(x)$, $g(x) \mid f(x)$, 即 $f(x)$ 和 $g(x)$

是相伴的, 则 $g(x) = f(x)$ 或 $g(x) = -f(x)$. 因此, $f(x)$ 和 $g(x)$ 是相伴的充分必要条件为 $g(x) = \pm f(x)$.

证明 今 $f(x) \mid g(x)$, $g(x) \mid f(x)$, 即 $g(x) = f(x)g_1(x)$, $f(x) = g(x)f_1(x)$, 其中 $f(x), f_1(x), g(x), g_1(x) \in \mathbb{Z}[x]$, 所以 $f(x) = g(x)f_1(x) = (f(x)g_1(x))f_1(x)$. 由乘法消去律, 因此, $g_1(x)f_1(x) = 1$. 这证明了

$$\deg(f_1(x)) + \deg(g_1(x)) = 0,$$

所以有 $\deg(f_1(x)) = \deg(g_1(x)) = 0$. 因此, 存在整数 a 和 b, 使得 $f_1(x) = b$, $g_1(x) = a$. 又 $ab = 1$, 所以 $a = b = \pm 1$, 即 $g(x) = \pm f(x)$. 证毕.

定义 A.1 非零整系数多项式 $p(x)$ 称为不可约多项式, 如果除了 ± 1 和 $\pm p(x)$ 以外, 多项式 $p(x)$ 无其他因式. 不是不可约的多项式称为可约多项式.

由定义 A.1 可知, 整系数多项式环 $\mathbb{Z}[x]$ 中零次多项式不可约当且仅当它是素数, 因此, 合数是整系数多项式环 $\mathbb{Z}[x]$ 中零次可约多项式.

仅管如此, 仍可借助于有理系数多项式环 $\mathbb{Q}[x]$ 上的可除性理论, 给出整系数多项式环 $\mathbb{Z}[x]$ 上的可除性理论, 其中 $\mathbb{Z}[x] \subset \mathbb{Q}[x]$.

定义 A.2 非零整系数多项式

$$g(x) = c_n x^n + c_{n-1} x^{n-1} + \cdots + c_1 x + c_0 \qquad \text{(A.1)}$$

称为本原多项式, 如果 $\gcd(c_0, c_1, \cdots, c_n) = 1$, 即 $c_0, c_1, \cdots, c_n$ 互素.

用定义 A.2, 不可约整系数多项式必为本原多项式. 但是次数大于零的整系数可约多项式不一定是两个低次本原多项式的乘积, 所以整系数多项式的性质和有理系数多项式的性质有些不同. 下面先给出有理系数多项式和本原多项式间的关系. 于是有如下引理:

引理 A.2 任一非零有理系数多项式为一个有理数和一个本原多项式的乘积.

证明 设 $f(x) \neq 0$ 为有理系数多项式, 将所有系数的分母通分, 便可写成

$$f(x) = \frac{a}{b} g(x), \quad g(x) = c_n x^n + c_{n-1} x^{n-1} + \cdots + c_1 x + c_0, \quad \text{(A.2)}$$

其中 $g(x)$ 为非零整系数多项式, 并且为本原多项式. a 和 b 为整数, 并且 $b > 0$, $\gcd(a,b) = 1$, 即 $\frac{a}{b}$ 为既约分数. 证毕.

由引理 A.2 可知, 有理系数多项式的因式分解和整系数多项式的因式分解密切相关. 关于整系数多项式分解为整系数多项式乘积的因式分解理论中, 重要的是如下引理:

引理 A.3 (高斯引理)　任意两个本原多项式的乘积仍为本原多项式.

引理 A.4　任一整系数多项式必为一个整数和一个本原多项式的乘积, 所以次数大于零的整系数不可约多项式必为本原多项式, 次数等于零的整系数不可约多项式为 ± 1, 或为 $\pm p$, 其中 p 为素数.

定理 A.1　设整系数本原多项式的次数大于零, 则它不可约当且仅当它作为有理系数多项式仍不可约.

证明　设本原多项式 $f(x)$ 作为有理系数多项式不可约. 自然, 它作为整系数多项式也不可约. 反之, 若本原多项式 $f(x)$ 作为整系数多项式不可约, 但作为有理系数多项式可约. 于是存在有理系数多项式 $g(x)$ 和 $h(x)$, 使得 $\deg(g(x)), \deg(h(x)) < \deg(f(x))$. 又 $f(x) = g(x)h(x)$. 由引理 A.2, 存在有理数 λ 和 μ, 以及本原多项式 $g_1(x)$ 和 $h_1(x)$, 使得 $g(x) = \lambda g_1(x)$, $h(x) = \mu h_1(x)$. 因此,

$$f(x) = g(x)h(x) = \lambda \mu g_1(x)h_1(x).$$

由引理 A.3, $g_1(x)h_1(x)$ 仍为本原多项式. $f(x)$ 为本原多项式, 这证明了 $\lambda \mu = \pm 1$, 所以作为整系数多项式, $f(x) = \pm g_1(x)h_1(x)$, 即 $f(x)$ 可约. 这和假设矛盾, 即证明了定理. 证毕.

定理 A.2 (唯一析因定理)   设 $f(x)$ 为整数环 $\mathbb{Z}$ 上次数大于零且首项系数大于零的多项式, 则 $f(x)$ 有下列因式分解:

$$f(x) = p_1(x)p_2(x)\cdots p_s(x), \tag{A.3}$$

其中 $p_1(x)$, $p_2(x)$, $\cdots$, $p_s(x)$ 为整系数多项式环 $\mathbb{Z}[x]$ 中首项系数大于零的不可约多项式, 并且若另有因式分解

$$f(x) = q_1(x)q_2(x)\cdots q_t(x), \tag{A.4}$$

其中 $q_1(x)$, $q_2(x)$, $\cdots$, $q_t(x)$ 为整系数多项式环 $\mathbb{Z}[x]$ 中首项系数大于零的不可约多项式, 则 $t = s$, 并且存在 1, 2, $\cdots$, s 的排列 $i_1 i_2 \cdots i_s$, 使得

$$q_j(x) = p_{i_j}(x), \quad 1 \leqslant i \leqslant s. \tag{A.5}$$

又 $f(x)$ 的因式必为

$$\pm p_{j_1}(x)p_{j_2}(x)\cdots p_{j_r}(x), \tag{A.6}$$

其中 $1 \leqslant j_1 < j_2 < \cdots < j_r \leqslant s$.

由引理 A.2, 任一非零有理系数多项式 $f(x)$ 为一个有理数 α 和一个本原多项式 $g(x)$ 的乘积 $f(x) = \alpha g(x)$. 因此, 从根的角度来看, 有理系数多项式 $f(x)$ 和本原多项式 $g(x)$ 有完全相同的根集合. 因此, 有如下定理:

定理 A.3 有理系数多项式的所有根必为一个同次数的本原多项式的所有根.

因此, 从代数数的角度考虑, 只要考虑本原多项式的所有根就够了.

定义 A.3 设

$$f(x) = a_n x^n + a_{n-1} x^{n-1} + \cdots + a_1 x + a_0, \quad a_n \neq 0 \quad (A.7)$$

为有理系数多项式, 则多项式

$$f'(x) = n a_n x^{n-1} + (n-1) a_{n-1} x^{n-2} + \cdots + a_1 \quad (A.8)$$

称为多项式 $f(x)$ 的导数 (或微商).

引理 A.5 多项式 $f(x), g(x) \in \mathbb{Q}[x]$ 的导数有如下性质:

(1)

$$[a f(x) + b g(x)]' = a f'(x) + b g'(x), \quad \forall a, b \in \mathbb{Q}; \quad (A.9)$$

(2)

$$[f(x) g(x)]' = f'(x) g(x) + f(x) g'(x); \quad (A.10)$$

(3)

$$[f(x)^m]' = m (f(x))^{m-1} f'(x). \quad (A.11)$$

设 $f(x)$ 为 n 次有理系数多项式, 它恰有 n 个复根 ξ_1, $\xi_2, \cdots, \xi_n$, 则

$$f(x) = a_n(x - \xi_1)(x - \xi_2) \cdots (x - \xi_n), \qquad (\text{A.12})$$

其中 a_n 为有理系数多项式 $f(x)$ 的首项系数. 将重根放在一起, 则

$$f(x) = a_n(x - \eta_1)^{e_1}(x - \eta_2)^{e_2} \cdots (x - \eta_r)^{e_r}, \qquad (\text{A.13})$$

其中 $\eta_1, \eta_2, \cdots, \eta_r$ 为 r 个不同的复数.

引理 A.6 用式 (A.13.) 的符号, 则有理系数多项式 $f(x)$ 和 $f'(x)$ 的最大公因式为

$$\gcd(f(x), f(x)) = (x - \eta_1)^{e_1-1}(x - \eta_2)^{e_2-1} \cdots (x - \eta_r)^{e_r-1}.$$
$$(\text{A.14})$$

定理 A.4 设 $f(x)$ 为有理系数多项式, 它的所有不同根为 $\eta_1, \eta_2, \cdots, \eta_r$, 则 $f(x)$ 和 $f'(x)$ 的最大公因子仍为有理系数多项式, 并且

$$g(x) = \frac{f(x)}{\gcd(f(x), f'(x))} = (x - \eta_1)(x - \eta_2) \cdots (x - \eta_r) \quad (\text{A.15})$$

仍为有理系数多项式, 它的根都是单重根, 并且 $f(x)$ 的根必为 $g(x)$ 的根.

由定理 A.4, 设 $f(x) \in \mathbb{Q}[x]$, 则存在 $g(x) \in \mathbb{Q}[x]$, 使得 $f(x)$ 的根必为 $g(x)$ 的根; 反之也成立; 又 $g(x)$ 无重根, 所以有如下定理:

定理 A.5 设 ξ 为代数数, 则存在只有单重根的本原多项式 (它当然是整系数多项式) $g(x)$, 它以 ξ 为根.

多元多项式和对称多项式

在本附录中,考虑复多元多项式、实多元多项式、有理系数多元多项式以及整系数多元多项式、多元对称多项式以及多元对称多项式的性质.下面不加证明地叙述本书中要用的知识.

定义 B.1 记 $x_1, x_2, \cdots, x_n$ 为 n 个独立的自变量,它的单项式定义为

$$a_{i_1 i_2 \cdots i_n} x_1^{i_1} x_2^{i_2} \cdots x_n^{i_n}, \tag{B.1}$$

其中 $a_{i_1 i_2 \cdots i_n}$ 为数,称为单项式的系数.在本附录中,限制它们是整数或者有理数,或者实数,或者复数,而 $i_1, i_2, \cdots, i_n$ 为非负整数.

有限个不同型单项式之和称为 n 元多项式,它可表示为

$$f(x_1, x_2, \cdots, x_n) = \sum_{i_1=0}^{m_1} \sum_{i_2=0}^{m_2} \cdots \sum_{i_n=0}^{m_n} a_{i_1 i_2 \cdots i_n} x_1^{i_1} x_2^{i_2} \cdots x_n^{i_n}, \tag{B.2}$$

其中 $a_{m_1 m_2 \cdots m_n} x_1^{m_1} x_2^{m_2} \cdots x_n^{m_n}$ 称为首项, 首项系数为数 $a_{m_1 m_2 \cdots m_n} \neq 0$.

n 元多项式 $f(x_1, x_2, \cdots, x_n)$ 的次数定义为

$$\deg(f) = m_1 + m_2 + \cdots + m_n. \tag{B.3}$$

多元多项式如何排成一行, 可以用两种方法. 前一种方法称为字典排列法, 即仿照英文字母顺序, 在英文字典中将所有英文词量排起来. 具体而言, 约定

$$x_1^{i_1} x_2^{i_2} \cdots x_n^{i_n}, \quad x_1^{j_1} x_2^{j_2} \cdots x_n^{j_n}. \tag{B.4}$$

若 $i_1 = j_1, i_2 = j_2, \cdots, i_r = j_r, i_{r+1} > j_{r+1}$, 则前一项排在左边, 后一项排在右边. 这时, 不考虑 $i_{r+2}, \cdots, i_n$ 和 $j_{r+2}, \cdots, j_n$ 有何大小关系.

后一种方法是先将每个不为零的单项式按次数相同的加在一起. 将 t 次项全体构成的多项式 $f_t(x_1, x_2, \cdots, x_n)$ 称为 t 次齐次多项式. 显然, 这时有

$$f_t(\xi x_1, \xi x_2, \cdots, \xi x_n) = \xi^t f_t(x_1, x_2, \cdots, x_n). \tag{B.5}$$

再将每个齐次多项式按字典排列法排好, 而

$$f(x_1, x_2, \cdots, x_n) = \sum_{k=0}^{m} f_k(x_1, x_2, \cdots, x_n)$$

$$= f_m(x_1, x_2, \cdots, x_n)$$

$$+ f_{m-1}(x_1, x_2, \cdots, x_n)$$

$$+ \cdots + f_0(x_1, x_2, \cdots, x_n), \qquad \text{(B.6)}$$

其中 m 为多元多项式 $f(x_1, x_2, \cdots, x_n)$ 的次数.

所有复多元多项式构成的集合 $\mathbb{C}[x_1, x_2, \cdots, x_n]$ 称为 n 元复多元多项式环; 所有实多元多项式构成的集合 $\mathbb{R}[x_1, x_2, \cdots, x_n]$ 称为 n 元实多元多项式环; 所有有理系数多元多项式构成的集合 $\mathbb{Q}[x_1, x_2, \cdots, x_n]$ 称为 n 元有理系数多元多项式环; 所有整系数多元多项式构成的集合 $\mathbb{Z}[x_1, x_2, \cdots, x_n]$ 称为 n 元整系数多元多项式环.

在 n 元多项式环 $\mathbb{Q}[x_1, x_2, \cdots, x_n]$ 中可以和一元有理系数多项式环 $\mathbb{Q}[x]$ 一样, 定义加法和乘法. 加法为

$$\sum_{i_1=0}^{m_1} \sum_{i_2=0}^{m_2} \cdots \sum_{i_n=0}^{m_n} a_{i_1 i_2 \cdots i_n} x_1^{i_1} x_2^{i_2} \cdots x_n^{i_n}$$
$$+ \sum_{i_1=0}^{m_1} \sum_{i_2=0}^{m_2} \cdots \sum_{i_n=0}^{m_n} b_{i_1 i_2 \cdots i_n} x_1^{i_1} x_2^{i_2} \cdots x_n^{i_n}$$

$$= \sum_{i_1=0}^{m_1} \sum_{i_2=0}^{m_2} \cdots \sum_{i_n=0}^{m_n} (a_{i_1 i_2 \cdots i_n} + b_{i_1 i_2 \cdots i_n}) x_1^{i_1} x_2^{i_2} \cdots x_n^{i_n}, \qquad \text{(B.7)}$$

乘法为

$$\left(\sum_{i_1=0}^{m_1} \sum_{i_2=0}^{m_2} \cdots \sum_{i_n=0}^{m_n} a_{i_1 i_2 \cdots i_n} x_1^{i_1} x_2^{i_2} \cdots x_n^{i_n} \right)$$

$$\cdot \left(\sum_{j_1=0}^{u_1} \sum_{j_2=0}^{u_2} \cdots \sum_{j_n=0}^{u_n} b_{j_1 j_2 \cdots j_n} x_1^{j_1} x_2^{j_2} \cdots x_n^{j_n} \right)$$

$$= \sum_{k_1=0}^{m_1+u_1} \sum_{k_2=0}^{m_2+u_2} \cdots \sum_{k_n=0}^{m_n+u_n} c_{k_1 k_2 \cdots k_n} x_1^{k_1} x_2^{k_2} \cdots x_n^{k_n}, \qquad \text{(B.8)}$$

其中

$$c_{k_1 k_2 \cdots k_n} = \sum_{i_1+j_1=k_1} \sum_{i_2+j_2=k_2} \cdots \sum_{i_n+j_n=k_n} a_{i_1 i_2 \cdots i_n} b_{j_1 j_2 \cdots j_n}. \qquad \text{(B.9)}$$

确切地说, 加法就是将两个多项式加起来后再归并同类项, 乘法就是按分配律将两个多项式乘开后再归并同类项.

用多元多项式能够表达一元多项式根与系数的关系. 这引出一类特殊的多元多项式 —— 对称多项式. 为此, 考虑一元多项式 $f(x)$ 和 n 个独立参数 $x_1, x_2, \cdots, x_n$, 多项式

$$f(x) = (x - x_1)(x - x_2) \cdots (x - x_n)$$

$$= x^n - \sigma_1 x^{n-1} + \sigma_2 x^{n-2} + \cdots$$

$$+ (-1)^k \sigma_k x^{n-k} + \cdots + (-1)^{n-1} \sigma_{n-1} x + (-1)^n \sigma_n,$$

$$(B.10)$$

其中

$$\sigma_1 = x_1 + x_2 + \cdots + x_n,$$

$$\sigma_2 = x_1 x_2 + x_1 x_3 + \cdots + x_1 x_n + x_2 x_3$$

$$+ \cdots + x_2 x_n + \cdots + x_{n-1} x_n,$$

$$\vdots$$

$$\sigma_n = x_1 x_2 \cdots x_n. \qquad (B.11)$$

这里注意: σ_k 是 C_n^k 个项之和, 它是由 $x_1, x_2, \cdots, x_n$ 中任取 k 个不同自变量 $x_{i_1}, x_{i_2}, \cdots, x_{i_k}$, 其中 $1 \leqslant i_1 < i_2 < \cdots < i_k \leqslant n$, 将它们乘起来, 再全体加起来, 用字典排列法排成一行. σ_j 称为第 j 个初等对称多项式, 所以 σ_k 是 $x_1, x_2, \cdots, x_n$ 的函数, 记为

$$\sigma_k = \sigma_k(x_1, x_2, \cdots, x_n), \quad 1 \leqslant k \leqslant n. \qquad (B.12)$$

而 $\sigma_1, \sigma_2, \cdots, \sigma_n$ 统称为初等对称多项式.

注意到在式 (B.10) 中任取 $1, 2, \cdots, n$ 的一个排列 $i_1 i_2 \cdots i_n$ (共有 $n!$ 个), 则

$$(x - x_1)(x - x_2) \cdots (x - x_n) = (x - x_{i_1})(x - x_{i_2}) \cdots (x - x_{i_n}).$$
$$\text{(B.13)}$$

记 $y_j = x_{i_j}(j = 1, 2, \cdots, n)$, 于是立即可知

$$\sigma_k(y_1, y_2, \cdots, y_n) = \sigma_k(x_{i_1}, x_{i_2}, \cdots, x_{i_n})$$

$$= \sigma_k(x_1, x_2, \cdots, x_n), \quad 1 \leqslant k \leqslant n. \quad \text{(B.14)}$$

将这个现象抽象化, 有如下定义:

定义 B.2 n 元多项式 $f(x_1, x_2, \cdots, x_n)$ 称为对称多项式, 如果对 $1, 2, \cdots, n$ 的所有排列 $i_1 i_2 \cdots i_n$, 都有

$$f(x_{i_1}, x_{i_2}, \cdots, x_{i_n}) \equiv f(x_1, x_2, \cdots, x_n). \quad \text{(B.15)}$$

式 (B.14) 告诉我们, n 个初等对称多项式是对称多项式. 例如, 牛顿 (Newton, 1643~1727) 等幂和

$$s_k(x_1, x_2, \cdots, x_n) = x_1^k + x_2^k + \cdots + x_n^k, \quad k = 0, 1, 2, \cdots$$
$$\text{(B.16)}$$

也是对称多项式.

73

关于对称多项式有下面的重要定理.

定理 B.1 (对称多项式基本定理) 对任一整系数 (有理系数) n 元对称多项式

$$f(x_1, x_2, \cdots, x_n), \tag{B.17}$$

必唯一存在整系数 (有理系数) n 元多项式

$$g(x_1, x_2, \cdots, x_n), \tag{B.18}$$

使得

$$f(x_1, x_2, \cdots, x_n) = g(\sigma_1(x_1, x_2, \cdots, x_n), \sigma_2(x_1, x_2, \cdots, x_n), \cdots,$$

$$\sigma_n(x_1, x_2, \cdots, x_n)). \tag{B.19}$$

注意: 初等对称多项式的引进, 首先推广了一元二次多项式根与系数关系的韦达 (Vieta) 定理.

定理 B.2 设

$$f(x) = a_0 x^n + a_1 x^{n-1} + \cdots + a_{n-1} x + a_n \tag{B.20}$$

为一元多项式, 它有 n 个根 ξ_1, ξ_2, $\cdots$, ξ_n, 则这 n 个根和系数 a_0, a_1, $\cdots$, a_n 有如下关系:

$$a_0\sigma_1(\xi_1,\xi_2,\cdots,\xi_n) = (-1)^1 a_1,$$

$$a_0\sigma_2(\xi_1,\xi_2,\cdots,\xi_n) = (-1)^2 a_2,$$

$$\vdots$$

$$a_0\sigma_k(\xi_1,\xi_2,\cdots,\xi_n) = (-1)^k a_k, \tag{B.21}$$

$$\vdots$$

$$a_0\sigma_n(\xi_1,\xi_2,\cdots,\xi_n) = (-1)^n a_n.$$

因此, 由对称多项式基本定理和韦达定理, 有如下定理:

定理 B.3 给定 n 次有理系数多项式 $f(x)$, 它的 n 个根记为 $\xi_1, \xi_2, \cdots, \xi_n$, 则关于 n 个根 $\xi_1, \xi_2, \cdots, \xi_n$ 的有理系数对称多项式的值也必为有理数.

定理 B.4 给定首项系数为 1 的本原多项式 $f(x)$, 它的 n 个根记为 $\xi_1, \xi_2, \cdots, \xi_n$, 则关于 n 个根 $\xi_1, \xi_2, \cdots, \xi_n$ 的整系数对称多项式的值也必为整数.

定理 B.3 和定理 B.4 在附录 C 的应用中极为重要. 特别是定理 B.4 在附录 C 中的应用.

代数数和超越数、iπ的超越性

在附录 C 中, 证明下面的定理. 这个定理的叙述及证明开创了数论中的一个分支, 即超越数论, 其根源在于用尺规作图化圆为方问题. 第 9 章给出了化圆为方问题等价于圆周率 π 是否能用尺规作图画出来这个困扰很久的问题. 实际上是要证明圆周率 π 是超越数, 而不是代数数.

问题解决的历史如下: 在 1873 年, 埃尔米特证明了自然对数的底 e 是超越数. 将埃尔米特关于 e 是超越数的证明稍事修改, 林德曼 (Lindemanx) 在 1882 年证明了圆周率 π 的超越性. 在 1900 年, 德国数学家希尔伯特提出了 23 个数学问题, 这些问题影响了整个 20 世纪的数学发展, 其中第七问题如下: 设 $\alpha \neq 0, 1$, α 为代数数, β 也为代数数, 但不是有理数, 问 α^β 是否为超越数. 这个问题在 1934~1935 年被解决, 证明了 α^β 为超越数.

定理 C.1 (埃尔米特 – 林德曼定理)　圆周率 π 是

超越数.

证明　证明很长, 下面分 8 个步骤来证明.

C.1　欧拉 (Euler) 公式

记自然对数的底数是 e, 于是对 (实或复) 变量 x 有

$$\mathrm{e}^x = 1 + \frac{x}{1!} + \frac{x^2}{2!} + \cdots + \frac{x^n}{n!} + \cdots = \sum_{k=0}^{\infty} \frac{x^k}{k!}. \tag{C.1}$$

欧拉关于模为 1 的复数有如下表达式:

$$\mathrm{e}^{\mathrm{i}\theta} = 1 + \frac{\mathrm{i}\theta}{1!} + \frac{(\mathrm{i}\theta)^2}{2!} + \cdots + \frac{(\mathrm{i}\theta)^n}{n!} + \cdots = \sum_{k=0}^{\infty} \frac{(\mathrm{i}\theta)^k}{k!}. \tag{C.2}$$

注意到 $\mathrm{i}^2 = -1$, $\mathrm{i} = \sqrt{-1}$, 所以

$$(\mathrm{i}\theta)^{2k} = (-1)^k \theta^{2k}, \quad (\mathrm{i}\theta)^{2k+1} = (-1)^k \mathrm{i}\theta^{2k+1}. \tag{C.3}$$

因此, 有著名的欧拉公式

$$\mathrm{e}^{\mathrm{i}\theta} = \cos\theta + \mathrm{i}\sin\theta, \quad \forall \theta \in \mathbb{R}, \tag{C.4}$$

其中

$$\cos\theta = \sum_{k=0}^{\infty} \frac{(-1)^k \theta^{2k}}{(2k)!}, \quad \sin\theta = \sum_{k=0}^{\infty} \frac{(-1)^k \theta^{2k+1}}{(2k+1)!}. \tag{C.5}$$

特别地, 取 $\theta = \pi$ 为圆周率, 则

$$e^{i\pi} = \cos\pi + i\sin\pi = -1, \tag{C.6}$$

$$e^{2i\pi} = \cos(2\pi) + i\sin(2\pi) = 1. \tag{C.7}$$

注意: 式 (C.4) 给出了三角函数和复数间的关系, 因为反解式 (C.4) 有

$$\cos\theta = \frac{e^{i\theta} + e^{-i\theta}}{2}, \quad \sin\theta = \frac{e^{i\theta} - e^{-i\theta}}{2i}, \quad \forall\theta \in \mathbb{R}. \tag{C.8}$$

因此, 所有三角恒等式都可以用复数来表示, 从而可以用复数的四则运算来证明各种三角公式. 另一方面, 整系数多项式 $x^n - 1$ 的根可以表示为

$$1, \quad \omega, \quad \omega^2, \quad \cdots, \quad \omega^{n-1}, \quad \omega^n = \omega^0 = 1, \tag{C.9}$$

其中

$$\omega = e^{\frac{2i\pi}{n}}. \tag{C.10}$$

又

$$x^n - 1 = (x-1)(x-\omega)(x-\omega^2)\cdots(x-\omega^{n-1}), \tag{C.11}$$

于是对所有 n 除不尽的整数 j, 有

$$\omega^n = 1, \quad \sum_{k=0}^{n-1} \omega^{kj} = 0. \tag{C.12}$$

用 $e^{in\theta} = (e^{i\theta})^n$ 又可以导出棣莫弗定理.

C.2　问题的简化

问题是要证明 π 是超越数, 即证 2iπ 是超越数. 办法是用反证法, 即假设 2iπ 是代数数, 设法推出矛盾.

为此, 先来考察一般代数数的一些性质. 给定代数数 $\alpha = \alpha_1$, 假设 α_1 是有理系数多项式 $F(x)$ 的根. 已经知道, 有理系数多项式必为不可约有理系数多项式的乘积, 并且分解不计次序是唯一的, 所以代数数 α 为其中某个不可约因式的根. 这意味着不妨取以代数数 α 为根的有理系数多项式 $F(x)$ 是不可约多项式.

由引理 A.4, $F(x)$ 可以唯一地分解为一个有理数和一个首项系数为正整数的本原多项式的乘积. 从根的角度而言, 这意味着不妨假设 $F(x)$ 为一个本原多项式, 它不可约且首项系数 a_0 为正整数. 因此, $F(x)$ 不可能分解为两个低次数整系数多项式的乘积. $F(x)$ 在复数域上有因式分解

$$F(x) = a_0(x - \alpha_1)(x - \alpha_2) \cdots (x - \alpha_n), \tag{C.13}$$

其中 $\alpha_1 = \alpha, \alpha_2, \cdots, \alpha_n$ 都为复数, 当然都是代数数.

引理 C.1　设 α_1 为代数数, 则存在正整数 a_0, 使得以代数数 $2a_0\alpha_1$ 为根的整系数不可约多项式 $G(x)$ 的

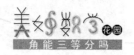

首项系数为 1, 且常数项为非零整数.

证明 按上面的讨论, 式 (C.13) 给出的整系数多项式 $F(x)$ 有根 α_1, $F(x)$ 的首项系数为正整数 a_0, 于是可构造多项式

$$G(x) = (x - 2a_0\alpha_1)(x - 2a_0\alpha_2) \cdots (x - 2a_0\alpha_n). \quad \text{(C.14)}$$

下面来证明 $G(x)$ 是以 $2a_0\alpha_1$ 为根的首项系数为 1 的整系数不可约多项式, 因此 $G(x)$ 的常数项为非零整数.

证明 $G(x)$ 为整系数多项式. 事实上, 由式 (C.13) 以及定理 B.4 可知

$$F(x) = a_0[x^n + (-1)\sigma_1 x^{n-1} + \cdots + (-1)^k \sigma_k x^{n-k} + \cdots + (-1)^n \sigma_n],$$
$$\text{(C.15)}$$

其中 $\sigma_k = \sigma_k(\alpha_1, \cdots, \alpha_n)$ 为关于 n 个根 $\alpha_1, \cdots, \alpha_n$ 的第 k 个初等对称多项式, $a_0\sigma_k$ $(k = 1, 2, \cdots, n)$ 为整数. 由式 (B.21) 有

$$\sigma_k(2a_0\alpha_1, \cdots, 2a_0\alpha_n) = (2a_0)^k \sigma_k(\alpha_1, \cdots, \alpha_n) \in \mathbb{Z},$$

$$1 \leqslant k \leqslant n. \quad \text{(C.16)}$$

由定理 B.4 有

$$G(x) = x^n + (-1)\sigma_1(2a_0\alpha_1, \cdots, 2a_0\alpha_n)x^{n-1}$$

$$+ \cdots + (-1)^k\sigma_k(2a_0\alpha_1, \cdots, 2a_0\alpha_n)x^{n-k}$$

$$+ \cdots + (-1)^n\sigma_n(2a_0\alpha_1, \cdots, 2a_0\alpha_n)$$

是整系数多项式, 首项系数为 1, 它以 $2a_0\alpha_1$ 为根.

剩下要证 $G(x)$ 为整系数不可约多项式. 由式 (C.15) 可知

$$G(2a_0x) = (2a_0)^n(x - \alpha_1)(x - \alpha_2)\cdots(x - \alpha_n)$$

$$= 2^n a_0^{n-1}F(x). \tag{C.17}$$

由 $F(x)$ 的选取可知, 它不是两个低次整系数多项式的乘积, 所以 $G(2a_0x)$ 不是两个低次整系数多项式的乘积. 因此, $G(x)$ 不是两个低次整系数多项式的乘积. 由 $G(x)$ 是本原多项式, 所以 $G(x)$ 不可约. 证毕.

回到原始问题. 如果假设了 iπ 是代数数, 则 $2a_0$iπ 也是代数数. 记 $\beta = 2a_0$iπ, 所以由式 (C.4) 及 a_0 为整数可知

$$e^\beta = e^{2a_0i\pi} = 1,$$

即

$$1 - e^\beta = 0. \tag{C.18}$$

如果从式 (C.18) 可以推出矛盾, 则 $2a_0\mathrm{i}\pi$ 就是超越数. 当然, 这也就证明了 $\mathrm{i}\pi$ 是超越数.

同时, 要指出, 在现在的情形下, $n \geqslant 2$. 事实上, 由式 (C.18) 有

$$1 - \mathrm{e}^{\overline{\beta}} = 1 - \mathrm{e}^{-\beta} = \mathrm{e}^{-\beta}(\mathrm{e}^{\beta} - 1) = 0,$$

所以在目前的情形下, $n \geqslant 2$.

引理 C.2 设 $1 \leqslant k \leqslant n$, 又令 $\beta_1 = \beta, G(x)$ 为首项系数为 1 的 n 次整系数不可约多项式,

$$G(x) = (x - \beta_1)(x - \beta_2) \cdots (x - \beta_n). \tag{C.19}$$

任取 $1 \leqslant j_1 \leqslant j_2 \leqslant \cdots \leqslant j_k \leqslant n$, 则 $\beta_{j_1} + \beta_{j_2} + \cdots + \beta_{j_k}$ 也是代数数, 它们的总个数为

$$u_k = \mathrm{C}_n^k = \frac{n!}{k!(n-k)!}, \quad 1 \leqslant k \leqslant n. \tag{C.20}$$

证明 为了证明 $\beta_{j_1} + \beta_{j_2} + \cdots + \beta_{j_k}$ $(1 \leqslant j_1 \leqslant j_2 \leqslant \cdots \leqslant j_k \leqslant n)$ 都是代数数, 构造首项系数为 1 的多项式

$$\tilde{f}_k(x) = \prod_{1 \leqslant j_1 < \cdots < j_k \leqslant n} (x - (\beta_{j_1} + \beta_{j_2} + \cdots + \beta_{j_k})). \tag{C.21}$$

下面来证明它是整系数多项式, 于是 $\beta_{j_1} + \beta_{j_2} + \cdots + \beta_{j_k}$ $(1 \leqslant j_1 \leqslant j_2 \leqslant \cdots \leqslant j_k \leqslant n)$ 都是代数数.

将 $\tilde{f}_k(x)$ 展成

$$\tilde{f}_k(x) = \sum_{j=0}^{u_k} \widetilde{c}_{kj} x^{u_k - j},$$

其中 $u_k = C_n^k$, $\widetilde{c}_{kj}$ 为复数, $0 \leqslant j \leqslant u_k$. 由式 (C.21) 可知, 这个多项式的 u_k 个系数 $\widetilde{c}_{kj}$ 为 $\beta_1, \beta_2, \cdots, \beta_n$ 的整系数多项式. 它关于 $1, 2, \cdots, n$ 的任一排列 $i_1 i_2 \cdots i_n$, 将 β_1 用 β_{i_1} 代入, β_2 用 β_{i_2} 代入, $\cdots$, β_n 用 β_{i_n} 代入, 于是 $\tilde{f}_k(x)$ 变成

$$\prod_{1 \leqslant j_1 < \cdots < j_k \leqslant n} [x - (\beta_{i_{j_1}} + \beta_{i_{j_2}} + \cdots + \beta_{i_{j_k}})]. \tag{C.22}$$

注意: 原来的因子为 $x - (\beta_{j_1} + \beta_{j_2} + \cdots + \beta_{j_k})$, 它们的指标跑遍所有可能取的值, 即 $1 \leqslant j_1 < \cdots < j_k \leqslant n$, 于是因子 $x - (\beta_{i_{j_1}} + \beta_{i_{j_2}} + \cdots + \beta_{i_{j_k}})$ 也跑遍所有可能取的值, 即 $1 \leqslant i_{j_1} < \cdots < i_{j_k} \leqslant n$. 这证明了式 (C.22) 没有改变, 仍为多项式 $\tilde{f}_k(x)$. 因此, 也证明了 $1, 2, \cdots, n$ 的任一排列 $i_1 i_2 \cdots i_n$ 诱导了 $\beta_{j_1} + \beta_{j_2} + \cdots + \beta_{j_k}(1 \leqslant j_1 < j_2 < \cdots < j_k \leqslant n)$ 的一个排列, 所以总乘积 $\tilde{f}_k(x)$ 没有改变. 换句话说, 作为 $\beta_1, \beta_2, \cdots, \beta_n$ 的多元多项式, $\tilde{f}_k(x)$ 的每个项的系数 $\tilde{c}_{kj} = \tilde{c}_{kj}(\beta_1, \beta_2, \cdots, \beta_n)$ 仍为对称多项式. 由对称多项式基本定理, $\tilde{c}_{kj}$ 是 $\beta_1, \cdots, \beta_n$ 的初等对称多项式的多

项式. 由式 (C.19), 这些初等对称多项式的值为整数, 所以证明了系数 $\tilde{c}_{kj}$ 也为整数. 即证明了 $\tilde{f}_k(x)$ 是首项系数为 1 的整系数多项式, 所以 $\tilde{f}_k(x)$ 为本原多项式. 它的次数为 $u_k = C_n^k$, 有 C_n^k 个根 $\beta_{j_1} + \beta_{j_2} + \cdots + \beta_{j_k}$, 当然, 它们都是代数数. 证毕.

C.3 林德曼的考虑

林德曼的考虑是首先假设了 $\alpha = i\pi$ 为代数数, 而 $F(i\pi) = F(\alpha) = 0$. 因此, $\beta_1 = 2a_0 i\pi$ 也是代数数. 即 $G(2a_0 i\pi) = G(\beta_1) = 0$. 又 $\beta_{j_1} + \beta_{j_2} + \cdots + \beta_{j_k}(1 \leqslant j_1 < j_2 < \cdots < j_k \leqslant n)$ 是本原多项式 $f_k(x)$ 的 $u_k = C_n^k$ 个根. 改记这 u_k 个根为

$$\xi_{k1}, \quad \xi_{k2}, \quad \cdots, \quad \xi_{ku_k}, \quad k = 1, 2, \cdots, n, \qquad \text{(C.23)}$$

其中

$$\xi_{k1}\xi_{k2}\cdots\xi_{k,v_k} \neq 0, \quad \xi_{k,v_k+1} = \cdots = \xi_{k,u_k} = 0, \quad v_k = u_k - m_k. \qquad \text{(C.24)}$$

它们都是复数.

$$\tilde{f}_k(x) = x^{m_k} f_k(x) = x^{m_k} \sum_{j=0}^{v_k} c_{kj} x^j, \qquad \text{(C.25)}$$

其中 $f_k(0) = c_{k0} \neq 0$ $(k = 1, 2, \cdots, n)$.

由于 $f_k(x)$ 的首项系数为 1, 所以有 n 个本原多项式

$$f_k(x), \quad \deg(f_k(x)) = v_k \leqslant u_k, \quad 1 \leqslant k \leqslant n. \qquad (\text{C}.26)$$

另一方面, 记

$$H(x) = (x - e^{\beta_1})(x - e^{\beta_2}) \cdots (x - e^{\beta_n}) \in \mathbb{C}[x]. \qquad (\text{C}.27)$$

由初等对称多项式的定义, 在多项式 $H(x)$ 的展开式中取 $x = 1$, 则有

$$H(1) = (1 - e^{\beta_1})(1 - e^{\beta_2}) \cdots (1 - e^{\beta_n})$$

$$= 1 + (-1)^1 \sigma_1(e^{\beta_1}, \cdots, e^{\beta_n}) + \cdots + (-1)^k \sigma_k(e^{\beta_1}, \cdots, e^{\beta_n})$$

$$+ \cdots + (-1)^n \sigma_n(e^{\beta_1}, \cdots, e^{\beta_n}). \qquad (\text{C}.28)$$

由第 k 个初等对称多项式的定义可知

$$\sigma_k(e^{\beta_1}, \cdots, e^{\beta_n}) = \sum_{1 \leqslant j_1 < \cdots < j_k \leqslant n} e^{\beta_{j_1}} e^{\beta_{j_2}} \cdots e^{\beta_{j_k}}$$

$$= \sum_{1 \leqslant j_1 < \cdots < j_k \leqslant n} e^{\beta_{j_1} + \beta_{j_2} + \cdots + \beta_{j_k}}$$

$$= \sum_{j=1}^{u_k} e^{\xi_{kj}}, \quad k = 1, 2, \cdots, n. \qquad (\text{C}.29)$$

这个和号共包含了 $u_k = \dfrac{n!}{k!(n-k)!}$ 项. 用这些项的指数 $\beta_{j_1} + \beta_{j_2} + \cdots + \beta_{j_k}$ 构造的多项式为 $\tilde{f}_k(x)$. 由式 (C.21) 定义, 它的次数为 $u_k = C_n^k$. 当 $\beta_1 = 2a_0 i\pi$ 时, $1 - e^{\beta_1} = 0$. 因此, 为了 π 是代数数, 则式 (C.28) 等于零, 即

$$
\begin{aligned}
H(1) =& (1 - e^{\beta_1})(1 - e^{\beta_2}) \cdots (1 - e^{\beta_n}) \\
=& 1 + (-1)^1 (e^{\xi_{11}} + e^{\xi_{12}} + \cdots + e^{\xi_{1u_1}}) \\
& + (-1)^2 (e^{\xi_{21}} + e^{\xi_{22}} + \cdots + e^{\xi_{2u_2}}) \\
& + \cdots + (-1)^n (e^{\xi_{n1}} + e^{\xi_{n2}} + \cdots + e^{\xi_{nu_n}}) \quad \text{(C.30)}
\end{aligned}
$$

等于零.

  证明是用反证法, 所以希望推出式 (C.30) 不等于零, 因此推出矛盾. 从而可以证明埃尔米特 – 林德曼定理成立. 为此, 林德曼考虑的是如何利用埃尔米特的证明技巧来推出矛盾, 即证明式 (C.30) 不等于零.

C.4 埃尔米特的技巧

  埃尔米特用下面巧妙的技巧 (经过林德曼推广) 来证明式 (C.30) 不等于零, 他的证明是构造性的. 也就是

说, 要寻找一个很大的素数 p 和依赖于素数 p 的整数 N_p, 使得

(1) p 除不尽 N_p, 因此, $N_p \neq 0$.

(2) 任取 $k \in \{1, 2, \cdots, n\}$, 记复数 (因为代数数是复数), 注意到 $\xi_{k_1} \neq 0, \cdots, \xi_{k_{v_k}} \neq 0, \xi_{k_{v_k+1}} = 0, \cdots, \xi_{k_{u_k}} = 0$, 所以

$$N_p(\mathrm{e}^{\xi_{k1}} + \cdots + \mathrm{e}^{\xi_{ku_k}}) = N_p(m_k + \mathrm{e}^{\xi_{k1}} + \cdots + \mathrm{e}^{\xi_{kv_k}})$$

$$= m_k N_p + A_{pk} + \mathrm{i} B_{pk}, \tag{C.31}$$

其中 A_{pk} 和 B_{pk} 都为实数, $\mathrm{i} = \sqrt{-1}$. 设法将实数 A_{pk} 表为整数 A'_{pk} 和小数 A''_{pk} 之和, 将实数 B_{pk} 表为整数 B'_{pk} 和小数 B''_{pk} 之和 (因为代数数是复数):

$$A_{pk} = A'_{pk} + A''_{pk}, \quad B_{pk} = B'_{pk} + B''_{pk}. \tag{C.32}$$

记

$$\eta_{pk} = A'_{pk} + \mathrm{i} B'_{pk}, \quad \varepsilon_{pk} = A''_{pk} + \mathrm{i} B''_{pk}, \tag{C.33}$$

于是

$$A_{pk} + \mathrm{i} B_{pk} = \eta_{pk} + \mathrm{i} \varepsilon_{pk}, \quad 1 \leqslant k \leqslant n. \tag{C.34}$$

接下去要证明能找到很大的素数 p, 使得

$$|A''_{pk} + \mathrm{i} B''_{pk}| < \frac{1}{n^2}, \quad 1 \leqslant k \leqslant n. \tag{C.35}$$

(3) 式 (C.34) 给出的整数 A'_{pk} 和 B'_{pk} 都能乘 N_p 后被素数 p 除尽.

这里, 整数 A'_{pk} 不一定是实数 A_{pk} 的整数部分, 小数 A''_{pk} 不一定是实数 A_{pk} 的小数部分. 因为有可能 $A''_{pk} < 0$, 但是 $|A''_{pk}| < 0.5$. 例如, 对实数 2.79, 则整数部分 $[2.79] = 2$, 小数部分 $\{2.79\} = 0.79$, 但是它有 $\{2.79\} > 0.5$. 也可以写成 $2.79 = 3 + (-0.21)$, 这时 $3 = [2.79] + 1$, 仍为整数而 $-0.21 = \{2.79\} - 1$ 仍为小数, 但是 $|-0.21| < 0.5$.

注 C.1 作者没有能够找到林德曼的原文, 是从所引的文献 [2] 中看到的 (见克莱因的《初等几何的著名问题》一书的中译本的第 63 页). 克莱因的一个疏忽在于他认定 n 个本原多项式 $\tilde{f}_k(x)$ $(1 \leqslant k \leqslant n)$ 的根 (见式 (C.23)) ξ_{kj} $(1 \leqslant j \leqslant u_k, k = 1, 2, \cdots, n)$ 都是非零根, 这是不对的. 例如考虑纯虚代数数 $ia \neq 0$, 所以存在首项系数为正整数的 s 次整系数不可约多项式 $\zeta(x)$, 使得 $\zeta(ia) = \zeta(-ia) = 0$. 记 $\beta_1 = ia$, $\beta_2 = -ia$, 而且 $\zeta(x)$ 的所有根为 $\beta_1, \beta_2, \cdots, \beta_s$, 则 $\tilde{f}_2(\beta_1 + \beta_2) = \tilde{f}_2(0) = 0$. 用 $\tilde{f}_2$ 是求不出整数 N_p 的. 由于这个错误, 必须修改林德曼运用埃尔米特的技巧时产生的问题. 这就是式 (C31) 和克莱因的书不一样的原因.

如果 (1)~(3) 都能一一证明, 则 (复) 整数

$$N = N_p + (-1)^1(m_1 N_p + A'_{p1} + iB'_{p1}) + \cdots$$

$$+ (-1)^n(\dot{m}_n N_p + A'_{pn} + iB'_{pn})$$

$$= N_p[1 + (-1)^1 m_1 + \cdots + (-1)^n m_n]$$

$$+(-1)^1 (Ap'_1 + iBp'_1) + \cdots + (-1)^n (Ap'_n + iBp'_n). \quad (C.36)$$

而若

$$|1 + (-1)^1 m_1 + \cdots + (-1)^n m_n| \leqslant 1 + u_1 + \cdots + u_n$$

$$= 2^n < p,$$

则 N 不能被 p 除尽, 即虚部能被 p 除尽, 但是实部不能被 p 除尽, 所以如果

$$|1 + (-1)^1 m_1 + \cdots + (-1)^n m_n| \leqslant 1 + m_1 + \cdots + m_n$$

$$= 2^n < p,$$

则

$$N \neq 0. \quad (C.37)$$

又 (复) 小数

$$C_0 = (-1)^1(A''_{p1} + iB''_{p1}) + \cdots + (-1)^n(A''_{pn} + iB''_{pn}) \quad (C.38)$$

有

$$|C_0| < 1, \quad (C.39)$$

于是

$$N + C_0 = N_p + (-1)^1(m_1 N_p + A'_{p1} + iB'_{p1}) + \cdots$$

$$+ (-1)^n(m_n N_p + A'_{pn} + iB'_{pn})$$

$$+ (-1)^1(A''_{p1} + iB''_{p1}) + \cdots + (-1)^n(A''_{pn} + iB''_{pn})$$

$$= N_p + (-1)^1(m_1 N_p + A_{p1} + iB_{p1}) + \cdots$$

$$+ (-1)^n(m_n N_p + A_{pn} + iB_{pn})$$

$$= N_p + (-1)^1[N_p(e^{\xi_{11}} + \cdots + e^{\xi_{1u1}})] + \cdots$$

$$+ (-1)^n[N_p(e^{\xi_{n1}} + \cdots + e^{\xi_{nun}})]$$

$$= N_p(1 - e^{\beta_1})(1 - e^{\beta_2}) \cdots (1 - e^{\beta_n}). \quad (C.40)$$

不等于零, 这就证明了 $(1 - e^{\beta_1}) \neq 0$. 这和 $\beta_1 = 2a_0 i\pi$ 的选取矛盾, 所以证明了 $\beta_1 = 2a_0 i\pi$ 不是代数数. 因此, 证明了 π 为超越数. 这完成了反证法.

下面分别用埃尔米特的思想来证明 (1)~(3) 成立.

C.5   由素数 p 构造整数 N_p

在式 (C.21)~(C.26) 中定义了 n 个首项系数为 1 的本原多项式

$$f_k(x) = x^{-mic}\tilde{f}_{ic}(x), f_k(0) \neq 0, \quad 1 \leqslant k \leqslant n. \qquad (C.41)$$

引进首项系数为 1 的本原多项式

$$\varphi_p(x) = x^{p-1}[f_1(x)f_2(x)\cdots f_n(x)]^p, \qquad (C.42)$$

其中 p 为素数, 适合条件

$$p > 1 + \sum_{k=1}^{n} u_k = \sum_{k=0}^{n} C_n^k = 2^n, \qquad (C.43)$$

$$p > |f_1(0)f_2(0)\cdots f_n(0)| > 0. \qquad (C.44)$$

而 $f_1(x)f_2(x)\cdots f_n(x)$ 是由式 (C.41) 定义的本原多项式. 又

$$r = \deg(\varphi_p(x)) = p - 1 + p(v_1 + v_2 + \cdots + v_n). \qquad (C.45)$$

记整系数多项式

$$\varphi_p(x) = \lambda_0 x^r + \lambda_1 x^{r-1} + \cdots + \lambda_{r-p+1} x^{p-1}, \qquad (C.46)$$

其中 $\lambda_0 = 1$. 取整数

$$N_p = \frac{r!\lambda_0 + (r-1)!\lambda_1 + \cdots + (p-1)!\lambda_{r-p+1}}{(p-1)!}$$

$$= \sum_{k=0}^{r-p+1} \frac{(r-k)!\lambda_k}{(p-1)!}, \tag{C.47}$$

注意到式 (C.46) 中 x^t 用 $t!$ 来代替, $t = r, r-1, \cdots, p-1$, 则 $\varphi_p(x)$ 变为 $(p-1)!N_p$. 另一方面, 取 $x = 0$, 则

$$\lambda_{r-p+1} = [f_1(0)f_2(0)\cdots f_n(0)]^p \neq 0. \tag{C.48}$$

下面来证 p 除不尽 N_p. 事实上, $p \Big| \dfrac{(r-k)!\lambda_k}{(p-1)!} (k = 0, 1, \cdots, r-p)$. 为了证明 p 除不尽 N_p, 只要证明 p 除不尽式 (C.46) 中 λ_{r-p+1} 这一项就行了, 即证 p 除不尽

$$\frac{(r-(r-p+1))!\lambda_{r-p+1}}{(p-1)!} = \lambda_{r-p+1}$$

$$= [f_1(0)\cdots f_n(0)]^p \neq 0. \tag{C.49}$$

用反证法证明如下:

记 $f(0) = f_1(0)\cdots f_n(0)$. 因为 p 为素数, 如果 p 除得尽 $[f(0)]^p$, 即 p 就除得尽 $f(0)$. 但是由条件 (C.44) 可知 $p > |f(0)|$, 因此, p 除不尽 $f(0)$. 这证明了结论, 所以式 (C.47) 定义的整数 N_p 不能被素数 p 除尽. 因此, 性质 (1) 成立.

C.6　计算 $A_k + iB_k$ $(1 \leqslant k \leqslant n)$

由式 (C.31) 及 (C.47) 知

$$(p-1)!(A_{pk} + iB_{pk}) = (p-1)!N_p(e^{\xi_{k1}} + \cdots + e^{\xi_{kv_k}})$$

$$= (p-1)!N_p e^{\xi_{k1}} + \cdots + (p-1)!N_p e^{\xi_{kv_k}}, \tag{C.50}$$

于是任一项形如

$$(p-1)!N_p e^{\xi}, \tag{C.51}$$

其中 $\xi \in \{\xi_{k1}, \cdots, \xi_{kv_k}\}$.

回到 N_p 的定义, 将它和 $\varphi_p(x)$ 对照考虑可知

$$(p-1)!N_p = r! + \lambda_1(r-1)! + \cdots + \lambda_{r-p+1}(p-1)!, \tag{C.52}$$

而

$$\varphi_p(x) = x^r + \lambda_1 x^{r-1} + \cdots + \lambda_{r-p+1}x^{p-1}. \tag{C.53}$$

这相当于将 $\varphi_p(x)$ 中的 x^r 用 $r!$ 代替, x^{r-1} 用 $(r-1)!$ 代替, $\cdots$, x^{p-1} 用 $(p-1)!$ 代替. 总之, $\varphi_p(x)$ 中的 x^j 用 $j!$ $(p-1 \leqslant j \leqslant r)$ 代替便从 $\varphi_p(x)$ 得到 $(p-1)!N_p$. 所以详细计算

$$\varphi_p(x)e^{\xi} = x^r e^{\xi} + \lambda_1 x^{r-1}e^{\xi} + \cdots + \lambda_{r-p+1}x^{p-1}e^{\xi} \tag{C.54}$$

中每项的主要部分 $x^t e^\xi$ 后, 再将 x^t 用 $t!\,(p-1 \leqslant t \leqslant r)$ 来代替. 由于

$$x^k e^\xi = x^k \left(1 + \frac{\xi}{1!} + \frac{\xi^2}{2!} + \cdots \right)$$

$$= x^k + \frac{x^k \xi}{1!} + \frac{x^k \xi^2}{2!} + \cdots + \frac{x^k \xi^k}{k!} + \frac{x^k \xi^{k+1}}{(k+1)!} + \cdots, \quad (\text{C}.55)$$

注意到如下一个技巧: 用任意的 $t!$ 来代替 x^t 相当于 x^t 可以用 $t!$, $\dfrac{t!x^1}{1!}$, $\dfrac{t!x^2}{2!}$, $\cdots$, $\dfrac{t!x^{k-1}}{(k-1)!}$, $\dfrac{t!x^k}{k!}$ 中的任一式来代替. 因为 $\dfrac{x^t}{t!}$ 中的 x^t 用 $t!$ 代替后变为 1. 在这样的手术下,

$$x^k e^\xi = x^k \left(\xi^0 + \frac{\xi^1}{1!} + \frac{\xi^2}{2!} + \cdots + \frac{\xi^k}{k!} \right)$$

$$+ x^k \left[\frac{\xi^{k+1}}{(k+1)!} + \frac{\xi^{k+2}}{(k+2)!} + \cdots \right]$$

$$= \mathrm{C}_k^0 x^k \xi^0 + \mathrm{C}_k^1 x^{k-1} \xi^1 + \cdots + \mathrm{C}_k^k x^0 \xi^k$$

$$+ x^k \xi^k \left[\frac{\xi^1}{(k+1)!} + \frac{\xi^2}{(k+2)!} + \cdots \right],$$

其中 x 的方幂 x^t 用 $t!$ 代替. 因此,

$$x^k e^\xi = (x + \xi)^k + \xi^k \left[\frac{\xi^1 k!}{(k+1)!} + \frac{\xi^2 k!}{(k+2)!} + \cdots \right], \quad (\text{C}.56)$$

然后式 (C.56) 两边将 x^t 用 $t!$ 代替. 而

$$\frac{k!}{(k+t)!} \leqslant \frac{1}{t!} (t = 1, 2, \cdots),$$

于是

$$\left| \frac{\xi k!}{(k+1)!} + \frac{\xi^2 k!}{(k+2)!} + \cdots \right| \leqslant \left| \frac{|\xi| k!}{(k+1)!} + \frac{|\xi|^2 k!}{(k+2)!} + \cdots \right|$$

$$\leqslant \frac{|\xi|}{1!} + \frac{|\xi|^2}{2!} + \cdots$$

$$= \mathrm{e}^{|\xi|} - 1 < \mathrm{e}^{|\xi|}. \tag{C.57}$$

因此, 记复数

$$C_{k\xi} = \mathrm{e}^{-|\xi|} \left[\frac{\xi k!}{(k+1)!} + \frac{\xi^2 k!}{(k+2)!} + \cdots \right], \tag{C.58}$$

它有

$$|C_{k,\xi}| < 1, \tag{C.59}$$

并且

$$x^k \mathrm{e}^\xi = (x + \xi)^k + C_{k,\xi} \xi^k \mathrm{e}^{|\xi|}. \tag{C.60}$$

这里, 实际上还需要将 x 的方幂 x^t 用 $t!$ 来代替.

回到式 (C.50), 考虑到式 (C.52) 和式 (C.53) 之间的关系, 于是式 (C.54) 可写为

$$\varphi_p(x) \mathrm{e}^\xi = \varphi_p(x + \xi)$$

$$+ (\xi^r C_{r,\xi} + \lambda_1 \xi^{r-1} C_{r-1,\xi} + \cdots + \lambda_{r-p+1} \xi^{p-1} C_{p-1,\xi}) \mathrm{e}^{|\xi|}, \tag{C.61}$$

于是式 (C.50) 可写为

$$(p-1)!N_p(A_k + iB_k) = (p-1)!N_p(e^{\xi_{k1}} + \cdots + e^{\xi_{kv_k}})$$

$$= (p-1)!\eta_{pk} + (p-1)!\varepsilon_{pk}, \quad (C.62)$$

其中

$$(p-1)!\eta_{pk}(x) = \varphi_p(x+\xi_{k1}) + \varphi_p(x+\xi_{k2}) + \cdots + \varphi_p(x+\xi_{kv_k}),$$
$$(C.63)$$

凡出现 x^t 之处, 都用 $t!$ 来代入. 又

$$(p-1)!\varepsilon_{pk} = \sum_{j=1}^{u_k} (\xi_{kj}^r C_{r,\xi_{kj}} + \lambda_1 \xi_{kj}^{r-1} C_{r-1,\xi_{kj}}$$

$$+ \cdots + \lambda_{r-p+1}\xi_{kj}^{p-1} C_{p-1,\xi_{kj}})e^{|\xi_{kj}|}, \quad (C.64)$$

其中

$$|C_{t,\xi_{kj}}| < 1, \quad p-1 \leqslant t \leqslant r, \quad 1 \leqslant j \leqslant v_k. \quad (C.65)$$

C.7 存在大素数 p 使得 $|\varepsilon_{pk}| < \dfrac{1}{n^2} \leqslant \dfrac{1}{4}$ $(\forall k)$

现在证明存在大素数 p, 使得 $|\varepsilon_{pk}| < \dfrac{1}{n^2} \leqslant \dfrac{1}{4}$ $(\forall k)$. 记

$$T_k = \max_{1 \leqslant j \leqslant u_k} \{|\xi_{kj}|\} > 0, \quad 1 \leqslant k \leqslant n. \quad (C.66)$$

由式 (C.64) 和式 (C.66), 于是

$$(p-1)!|\varepsilon_{pk}| \leqslant u_k(T_k^r + |\lambda_1|T_k^{r-1} + \cdots + |\lambda_{r-p+1}|T_k^{p-1})\mathrm{e}^{T_k}.$$
(C.67)

回到式 (C.42) 和式 (C.46), 对每个本原多项式 $f_j(x)$, 将它的展开式中各项系数取绝对值, 于是得到一个新的非负系数本原多项式 $g_j(x)(1 \leqslant j \leqslant n)$. 因此, 将 $\varphi_p(x)$ 的展开式 (C.46) 中各项系数取绝对值, 得到一个新的非负系数本原多项式 $\psi_p(x)$. 自然

$$\psi_p(x) \leqslant x^{p-1}[g_1(x)g_2(x)\cdots g_n(x)]^p, \quad \forall x \geqslant 0, \qquad (\text{C.68})$$

而

$$\psi_p(T_k) = T_k^r + |\lambda_1|T_k^{r-1} + \cdots + |\lambda_{r-p+1}|T_k^{p-1}, \qquad (\text{C.69})$$

所以

$$\begin{aligned}
|\varepsilon_{pk}| &< \frac{u_k\mathrm{e}^{T_k}\psi_p(T_k)}{(p-1)!} \\
&\leqslant \frac{u_k\mathrm{e}^{T_k}[T_k^{p-1}(g_1(T_k)g_2(T_k)\cdots g_n(T_k))^p]}{(p-1)!} \\
&\leqslant \frac{u_k\mathrm{e}^{T_k}T_k^{p-1}S_k^p}{(p-1)!},
\end{aligned} \qquad (\text{C.70})$$

其中

$$S_k = g_1(T_k)g_2(T_k)\cdots g_n(T_k), \qquad (\text{C.71})$$

则

$$|\varepsilon_{pk}| < \frac{u_k S_k \mathrm{e}^{T_k}(T_k S_k)^{p-1}}{(p-1)!}, \tag{C.72}$$

其中 T_k, S_k, u_k 都为正常数, e^{T_k} 也为正常数.

目的是证明

$$|\varepsilon_{pk}| < \frac{1}{n^2}, \tag{C.73}$$

即证明

$$\frac{u_k S_k \mathrm{e}^{T_k}(T_k S_k)^{p-1}}{(p-1)!} < \frac{1}{n^2}. \tag{C.74}$$

为此, 记常数 $U = \max_{1 \leqslant k \leqslant n}(2, n^2 u_k S_k \mathrm{e}^{T_k}, T_k S_k)$, 则

$$\frac{n^2 u_k S_k \mathrm{e}^{T_k}(T_k S_k)^{p-1}}{(p-1)!} < \frac{U^p}{(p-1)!}. \tag{C.75}$$

只要证明存在素数 p, 使得对给定的常数有

$$U^p < (p-1)! \tag{C.76}$$

就可以了.

由于欧几里得已经证明了素数有无限多个, 而大素数必为奇数. 记素数 $p = 2q + 1$, 于是

$$(p-1)! = (2q)(2q-1)\cdots(q+1)q(q-1)(q-2)\cdots 1 > q^{q+1}. \tag{C.77}$$

取如此大的素数 $p = 2q+1$, 使得

$$p = 2q+1 \geqslant 2U^2 + 1, \tag{C.78}$$

于是 $U^2 \leqslant q$, 因此,

$$\frac{U^p}{(p-1)!} \leqslant \frac{U^{2q+1}}{q^{q+1}} \leqslant \frac{U^{2q+1}}{U^{2q+2}} \leqslant \frac{1}{2} < 1. \tag{C.79}$$

至此, 证明了存在相当大的素数 p, 使得式 (C.73) 成立, 所以 $|\varepsilon_{pk}| < \dfrac{1}{n^2}$, 即性质 (2) 成立.

C.8　计算 $\eta_{pk}(x)$

由式 (C.33) 和 (C.63),

$$\eta_{pk} = A'_{pk} + iB'_{pk}$$

$$= \frac{\varphi_p(x+\xi_{k1}) + \varphi_p(x+\xi_{k2}) + \cdots + \varphi_p(x+\xi_{kv_k})}{(p-1)!}, \tag{C.80}$$

在展开式中凡是 x^t 都要用 $t!$ 来代替.

记

$$\tilde{\eta}_k = \varphi_p(x+\xi_{k1})+\varphi_p(x+\xi_{k2})+\cdots+\varphi_p(x+\xi_{kv_k})+m_k\varphi_p(x)$$

$$= (p-1)!\eta_k(x)+m_k\varphi_p(x)$$

由式 (C.63) 可知 $\xi_{k1}, \xi_{k2}, \cdots, \xi_{ku_k}$ 为 $\tilde{f}_k(x)$ 的所有根, 其中 $\tilde{f}_k(x)$ 由式 (C.21) 所定义. 因此, 有本原多项式

$$\tilde{f}_k(x) = x^{m_k}f_k(x)$$

$$= \prod_{1\leqslant j_1<\cdots<j_k\leqslant n}[x-(\beta_{j_1}+\beta_{j_2}+\cdots+\beta_{j_k})]$$

$$= (x-\xi_{k1})(x-\xi_{k2})\cdots(x-\xi_{ku_k}), \qquad (C.81)$$

所以 $\xi_{k1}, \xi_{k2}, \cdots, \xi_{ku_k}$ 的初等对称多项式依次乘 $+1$ 或 -1 为 $\tilde{f}_k(x)$ 的系数 (至多差一个符号). 在引理 C.2 中已经证明了 $\tilde{f}_k(x)$ 的系数为整数, 即为 $\beta_1, \beta_2, \cdots, \beta_n$ 的整系数对称多项式.

现在, $\tilde{\eta}_k(x)$ 作为 x 的多项式, 它的系数为 $\xi_{k1}, \xi_{k2}, \cdots,$ ξ_{ku_k} 的多元多项式. 对 $\xi_{k1}, \xi_{k2}, \cdots, \xi_{ku_k}$ 的任一排列, 多项式 $\tilde{\eta}_k(x)$ 的每个项系数都不改变, 所以它们是 $\xi_{k1}, \xi_{k2},$ $\cdots, \xi_{ku_k}$ 的对称多项式. 由附录 B 中的对称多项式基本

定理, 它们是 $\xi_{k1}, \xi_{k2}, \cdots, \xi_{ku_k}$ 的初等对称多项式的多项式. 而 $\xi_{k1}, \xi_{k2}, \cdots, \xi_{ku_k}$ 的初等对称多项式为 $\tilde{f}_k(x)$ 的系数 (至多差一个符号), 它是整数. 这证明了 $\tilde{\eta}_k(x)$ 的各项系数仍为整数, 即 $\tilde{\eta}_k(x)$ 是整系数多项式. 所以多项式 $\tilde{\eta}_k(x)$ 的各项系数仍为整数. 因此, 将每个 x^t 用 $t!$ 代替, 于是由 $\tilde{\eta}_k(x)$ 变成的数仍为整数.

剩下要证性质 (3), 即素数 p 除得尽整数 A'_{pk} 和 B'_{pk}. 为此, 要详细计算 $\varphi_p(x + \xi_{kj})(1 \leqslant j \leqslant v_k)$.

今由式 (C.42) 和 (C.46), $\varphi_p(x)$ 的定义为

$$\varphi_p(x) = x^{p-1}[f_1(x)f_2(x) \cdots f_n(x)]^p$$

$$= x^r + \lambda_1 x^{r-1} + \cdots + \lambda_{r-p+1} x^{p-1}. \tag{C.82}$$

展开式中的每项 x^t 用 $t!$ $(p-1 \leqslant t \leqslant r)$ 来代替. 而

$$f_j(x) = (x - \xi_{j1})(x - \xi_{j2}) \cdots (x - \xi_{jv_j}), \quad 1 \leqslant j \leqslant n, \tag{C.83}$$

于是

$$\varphi_p(x + \xi_{kj}) = (x + \xi_{kj})^{p-1} f_1(x + \xi_{kj})^p$$

$$\cdot f_2(x + \xi_{kj})^p \cdots f_n(x + \xi_{kj})^p, \tag{C.84}$$

其中 $\xi_{kj} \neq 0$,

$$f_i(x + \xi_{kj}) = (x + \xi_{kj} - \xi_{i1})(x + \xi_{kj} - \xi_{i2}) \cdots$$

$$\cdot (x + \xi_{kj} - \xi_{iv_i}), \quad 1 \leqslant i \leqslant n. \tag{C.85}$$

当 $i = k$ 时,

$$f_k(x + \xi_{kj}) = (x + \xi_{kj} - \xi_{k1}) \cdots (x + \xi_{kj} - \xi_{k,j-1})$$

$$\cdot x(x + \xi_{kj} - \xi_{k,j+1}) \cdots (x + \xi_{kj} - \xi_{kv_k}) \tag{C.86}$$

所以记

$$h_k(x + \xi_{kj}) = (x + \xi_{kj} - \xi_{k1}) \cdots (x + \xi_{kj} - \xi_{k,j-1})$$

$$\cdot (x + \xi_{kj} - \xi_{k,j+1}) \cdots (x + \xi_{kj} - \xi_{kv_k}), \tag{C.87}$$

则

$$f_k(x + \xi_{kj}) = x h_k(x + \xi_{kj}). \tag{C.88}$$

因此,

$$\varphi_p(x + \xi_{kj}) = (x + \xi_{kj})^{p-1} x^p f_1(x + \xi_{kj})^p \cdots$$

$$\cdot f_{k-1}(x + \xi_{kj})^p h_k(x + \xi_{kj})^p$$

$$\cdot f_{k+1}(x + \xi_{kj})^p \cdots f_n(x + \xi_{kj})^p$$

$$= x^p \widetilde{\varphi_p}(x + \xi_{kj}), 1 \leqslant j \leqslant Uk. \tag{C.89}$$

这证明了 $\varphi_p(x + \xi_{kj})$ 的展开式为 (注意: $\deg(\varphi_p(x)) = r$)

$$\varphi_p(x + \xi_{kj}) = x^r + \mu_1' x^{r-1} + \cdots + \mu_{r-s}' x^s, \tag{C.90}$$

其中 $\mu_1', \mu_2', \cdots, \mu_{r-s}' \in \mathbb{Z}, s \geqslant p,$ 所以将展开式中的每项 x^t 用 $t!(p-1 \leqslant t \leqslant s)$ 来代替后得整数

$$\sum_{j=1}^{v_k} M_{kj} = r! + (r-1)!\mu_1 + \cdots + s!\mu_{r-s}. \tag{C.91}$$

由 $s \geqslant p$ 推出 $p!$ 除得尽整数 $M_{kj}(1 \leqslant j \leqslant v_k, 1 \leqslant k \leqslant n).$ 因此, 证明了在式 (C.80) 中将 x^t 用 $t!$ 代入后, 所得的数为整数

$$M_k = \frac{M_{k1} + M_{k2} + \cdots + M_{kv_k}}{(p-1)!}. \tag{C.92}$$

由于 $p!$ 除得尽 $(p-1)!M_k,$ 所以 p 除得尽整数 $M_k.$ 因此, 便证明了性质 (3) 成立.

至此, 由埃尔米特设计的思路便证明了复数 $2a_0 i\pi$ 不是代数数, 因此, iπ 是超越数, 所以埃尔米特 – 林德曼定理证毕.